Die Steuerung moderner Otto- und Dieselmotoren macht einen stetig steigenden Anteil an Fahrzeugelektronik erforderlich, um die hohen Forderungen nach einer Reduzierung der Emissionen zur erfüllen. Um die Funktion der Fahrzeugantriebe und das Zusammenwirken der Komponenten und Systeme richtig zu verstehen, ist daher ein Fundus an Informationen von deren Grundlagen bis zur Arbeitsweise erforderlich. Fundiert stellt dieser Ordner „Motorsteuerung lernen" in 10 Lehrheften das zum Verständnis erforderliche Basiswissen bereit, erläutert die Funktion und zeigt die Anwendung aktueller Motorsteuerung in Diesel- und Ottomotor. Die Hefte bieten einen raschen und sicheren Zugriff sowie anschauliche, anwendungsorientierte und systematische Erklärungen.

Konrad Reif

Hrsg.

Abgastechnik für Dieselmotoren

2. Auflage

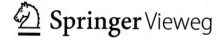 Springer Vieweg

Hrsg.
Konrad Reif
Campus Friedrichhafen
Duale Hochschule Baden-Württemberg
Friedrichshafen, Deutschland

ISSN 2364-6349   ISSN 2364-6357 (electronic)
Motorsteuerung lernen
ISBN 978-3-658-38721-1   ISBN 978-3-658-38722-8 (eBook)
https://doi.org/10.1007/978-3-658-38722-8

Die Deutsche Nationalbibliothek verzeichnet diese Publikation in der Deutschen Nationalbibliografie; detaillierte
bibliografische Daten sind im Internet über http://dnb.d-nb.de abrufbar.

Planung/Lektorat: Markus Braun
Springer Vieweg ist ein Imprint der eingetragenen Gesellschaft Springer Fachmedien Wiesbaden GmbH und ist
ein Teil von Springer Nature.
Die Anschrift der Gesellschaft ist: Abraham-Lincoln-Str. 46, 65189 Wiesbaden, Germany

Inhaltsverzeichnis

Autorenverzeichnis

Grundlagen und Einsatzgebiete des Dieselmotors

Dr.-Ing. Sebastian Fischer

Abgasnachbehandlung

Dr.-Ing. Sebastian Fischer

Dr.-Ing. Michael Krüger

Dr.-Ing. Hartmut Lüders

Dipl.-Ing. Florian Dittrich

Dr.-Ing. Ulrich Projahn

Emissionsgesetzgebung und Abgasmesstechnik

Dipl.-Ing. Melanie Flämig

Dipl.-Ing. Bernd Hinner

Dipl.-Ing. Michael Bender

Dr.-Ing. Markus Willimowski

Diagnose

Theodor Breiter

Dr. rer.nat. Walter Lehle

Dr. rer.nat. Hauke Wendt

Dipl.-Ing. Martin Pasta

Ella Diener
  Soweit nicht anders angegeben, handelt es sich um Mitarbeiter der Robert Bosch GmbH.

Grundlagen und Einsatzgebiete des Dieselmotors

Sebastian Fischer

Der Dieselmotor ist ein Selbstzündungsmotor mit innerer Gemischbildung. Die für die Verbrennung benötigte Luft wird im Brennraum hoch verdichtet. Dabei entstehen hohe Temperaturen, bei denen sich der eingespritzte Dieselkraftstoff selbst entzündet. Die im Dieselkraftstoff enthaltene chemische Energie wird vom Dieselmotor über Wärme in mechanische Arbeit umgesetzt.

Der Dieselmotor ist die Verbrennungskraftmaschine mit dem höchsten effektiven Wirkungsgrad (bei großen, langsam laufenden Motoren mehr als 50 %). Der damit verbundene niedrige Kraftstoffverbrauch, die vergleichsweise schadstoffarmen Abgase und das vor allem durch Voreinspritzung verminderte Geräusch verhalfen dem Dieselmotor zu großer Verbreitung.

Der Dieselmotor eignet sich besonders für die Aufladung. Sie erhöht nicht nur die Leistungsausbeute und verbessert den Wirkungsgrad, sondern vermindert zudem die Schadstoffe im Abgas und das Verbrennungsgeräusch. Zur Reduzierung der NO_x-Emission bei Pkw und Nfz wird ein Teil des Abgases in den Ansaugtrakt des Motors zurückgeleitet (Abgasrückführung). Um noch niedrigere NO_x-Emissionen zu erhalten, kann das zurückgeführte Abgas gekühlt werden.

Dieselmotoren können sowohl nach dem Zweitakt- als auch nach dem Viertakt-Prinzip arbeiten. Im Kraftfahrzeug kommen ausschließlich Viertakt-Dieselmotoren zum Einsatz.

S. Fischer (✉)
Robert Bosch GmbH, Stuttgart, Deutschland
E-Mail: Sebastian.Fischer@de.bosch.com

© Springer Fachmedien Wiesbaden GmbH, ein Teil von Springer Nature 2023
K. Reif (Hrsg.), *Abgastechnik für Dieselmotoren*, Motorsteuerung lernen,
https://doi.org/10.1007/978-3-658-38722-8_1

1.1 Arbeitsweise

Ein Dieselmotor enthält einen oder mehrere Zylinder. Angetrieben durch die Verbrennung des Luft-Kraftstoff-Gemischs führt ein Kolben (Abb. 1.1, Pos. 3) je Zylinder (5) eine periodische Auf- und Abwärtsbewegung aus. Dieses Funktionsprinzip gab dem Motor den Namen „Hubkolbenmotor".

Die Pleuelstange (11) setzt diese Hubbewegungen der Kolben in eine Rotationsbewegung der Kurbelwelle (14) um. Eine Schwungmasse (15) an der Kurbelwelle hält die Bewegung aufrecht und vermindert die Drehungleichförmigkeit, die durch die Verbrennungen in den einzelnen Kolben entsteht. Die Kurbelwellendrehzahl wird auch Motordrehzahl genannt.

1.1.1 Viertakt-Verfahren

Beim Viertakt-Dieselmotor (Abb. 1.2) steuern Gaswechselventile den Gaswechsel von Frischluft und Abgas. Sie öffnen oder schließen die Ein- und Auslasskanäle zu den Zylindern. Je Ein- bzw. Auslasskanal können ein oder zwei Ventile eingebaut sein.

1.1.1.1 1. Takt: Ansaugtakt (Abb. 1.2a)

Ausgehend vom oberen Totpunkt (OT) bewegt sich der Kolben (6) abwärts und vergrößert das Volumen im Zylinder. Durch das geöffnete Einlassventil (3) strömt Luft in den Zylinder ein. Im unteren Totpunkt (UT) hat das Zylindervolumen seine maximale Größe erreicht ($V_\mathrm{h} + V_\mathrm{c}$).

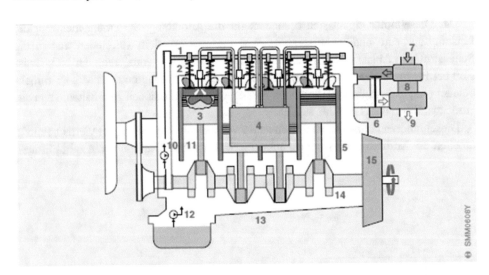

Abb. 1.1 Vierzylinder-Dieselmotor ohne Hilfsaggregate (Schema): 1 = Nockenwelle; 2 = Ventile; 3 = Kolben; 4 = Einspritzsystem; 5 = Zylinder; 6 = Abgasrückführung; 7 = Ansaugrohr; 8 = Lader (hier Abgasturbolader); 9 = Abgasrohr; 10 = Kühlsystem; 11 = Pleuelstange; 12 = Schmiersystem; 13 = Motorblock; 14 = Kurbelwelle; 15 = Schwungmasse

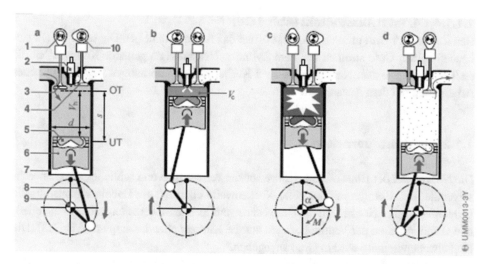

Abb. 1.2 Arbeitsspiel eines Viertakt-Dieselmotors: **a** Ansaugtakt, **b** Verdichtungstakt, **c** Arbeitstakt, **d** Ausstoßtakt. 1 = Einlassnockenwelle; 2 = Einspritzdüse; 3 = Einlassventil; 4 = Auslassventil; 5 = Brennraum; 6 = Kolben; 7 = Zylinderwand; 8 = Pleuelstange; 9 = Kurbelwelle; 10 = Auslassnockenwelle; α = Kurbelwellenwinkel; d = Durchmesser; M = Drehmoment; s = Kolbenhub; V_c = Kompressionsvolumen; V_h = Hubvolumen (Hubraum); OT = oberer Totpunkt des Kolbens; UT = unterer Totpunkt des Kolbens

1.1.1.2 2. Takt: Verdichtungstakt (Abb. 1.2b)

Die Gaswechselventile sind nun geschlossen. Der aufwärts gehende Kolben verdichtet (komprimiert) die im Zylinder eingeschlossene Luft entsprechend dem ausgeführten Verdichtungsverhältnis (von 6 : 1 bei Großmotoren bis 17 : 1 bei Pkw). Sie erwärmt sich dabei auf Temperaturen bis zu 900 °C. Gegen Ende des Verdichtungsvorgangs spritzt die Einspritzdüse (2) den Kraftstoff unter hohem Druck (derzeit bis zu 2700 bar) in die erhitzte Luft ein. Im oberen Totpunkt ist das minimale Volumen erreicht (Kompressionsvolumen V_c).

1.1.1.3 3. Takt: Arbeitstakt (Abb. 1.2c)

Der fein zerstäubte zündwillige Dieselkraftstoff bildet mit der hoch verdichteten heißen Luft im Brennraum (5) ein zündfähiges Gemisch, das sich selbst entzündet und verbrennt. Dadurch erhitzt sich die Zylinderladung weiter und der Druck im Zylinder steigt nochmals an. Die durch die Verbrennung frei gewordene Energie ist im Wesentlichen durch die eingespritzte Kraftstoffmasse bestimmt (Qualitätsregelung). Der Druck treibt den Kolben nach unten, die Energie wird teilweise in Bewegungsenergie umgewandelt. Ein Kurbeltrieb übersetzt die Kolbenbewegung in ein an der Kurbelwelle zur Verfügung stehendes Drehmoment.

1.1.1.4 4. Takt: Ausstoßtakt (Abb. 1.2d)

Bereits kurz vor dem unteren Totpunkt öffnet das Auslassventil (4). Die unter Druck stehenden heißen Gase strömen aus dem Zylinder. Der aufwärts gehende Kolben stößt die restlichen Abgase aus. Nach jeweils zwei Kurbelwellenumdrehungen beginnt ein neues Arbeitsspiel mit dem Ansaugtakt.

1.1.2 Ventilsteuerzeiten

Die Nocken auf der Einlass- und Auslassnockenwelle öffnen und schließen die Gaswechselventile. Bei Motoren mit nur einer Nockenwelle überträgt ein Hebelmechanismus die Hubbewegung der Nocken auf die Gaswechselventile. Die Steuerzeiten geben die Schließ- und Öffnungszeiten der Ventile bezogen auf die Kurbelwellendrehung an (Abb. 1.3). Die Kurbelwellendrehung wird in Grad angegeben.

Die Kurbelwelle treibt die Nockenwelle über einen Zahnriemen (bzw. eine Kette oder Zahnräder) an. Ein Arbeitsspiel umfasst beim Viertakt-Verfahren zwei Kurbelwellenumdrehungen. Die Nockenwellendrehzahl ist deshalb nur halb so groß wie die Kurbelwellendrehzahl. Das Untersetzungsverhältnis zwischen Kurbel- und Nockenwelle beträgt somit 2 : 1.

Beim Übergang zwischen Ausstoß- und Ansaugtakt sind über einen bestimmten Bereich Auslass- und Einlassventil gleichzeitig geöffnet. Je nach Lage der Ventilüberschneidung kann ein positives oder negatives Druckgefälle über dem Motor herrschen. Bei positivem Druckgefälle wird durch die Ventilüberschneidung das restliche Abgas ausgespült und gleichzeitig der Zylinder gekühlt. Ein negatives Druckgefälle führt zu einer sogenannten internen Abgasrückführung, bei der ein kleiner Teil des Abgases im Zylinder zurückgehalten wird.

Abb. 1.3 Ventilsteuerzeiten (jeweils Kurbelwellenwinkel in Grad) eines Viertakt-Dieselmotors: AÖ = Auslass öffnet; AS = Auslass schließt; BB = Brennbeginn; EÖ = Einlass öffnet; ES = Einlass schließt; EZ = Einspritzzeitpunkt; OT = oberer Totpunkt des Kolbens; UT = unterer Totpunkt des Kolbens; ■ Ventilüberschneidung

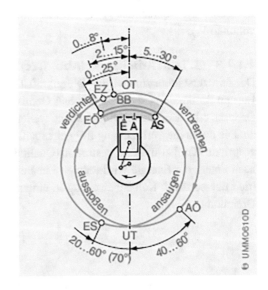

1.1.3 Verdichtung (Kompression)

Aus dem Hubraum V_h und dem Kompressionsvolumen V_c eines Kolbens ergibt sich das Verdichtungsverhältnis ε:

$$\varepsilon = \frac{V_h V_c}{V_c}$$

Die Verdichtung des Motors hat entscheidenden Einfluss auf:

- das Kaltstartverhalten,
- das erzeugte Drehmoment,
- den Kraftstoffverbrauch,
- die Geräuschemissionen und
- die Schadstoffemissionen.

Das Verdichtungsverhältnis ε beträgt bei Dieselmotoren für Pkw und Nfz je nach Motorbauweise und Einspritzart $\varepsilon = 15 : 1 \ldots 17 : 1$. Die Verdichtung liegt also höher als beim Ottomotor ($\varepsilon = 7 : 1 \ldots 13 : 1$). Aufgrund der begrenzten Klopffestigkeit des Benzins würde sich bei diesem das Luft-Kraftstoff-Gemisch bei hohem Kompressionsdruck und der sich daraus ergebenden hohen Brennraumtemperatur selbstständig und unkontrolliert entzünden.

Die Luft wird im Dieselmotor auf 30 … 50 bar (beim Saugmotor) bzw. 70 … 150 bar (beim aufgeladenen Motor) verdichtet. Dabei entstehen Temperaturen im Bereich von 700 … 900 °C (Abb. 1.4). Die Zündtemperatur für die am leichtesten entflammbaren Komponenten im Dieselkraftstoff beträgt etwa 250 °C.

Abb. 1.4 Temperaturanstieg bei der Verdichtung: OT = oberer Totpunkt des Kolbens; UT = unterer Totpunkt des Kolbens

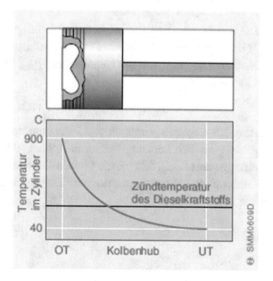

1.2   Drehmoment und Leistung

1.2.1   Drehmoment

Die Pleuelstange setzt die Hubbewegung des Kolbens in eine Rotationsbewegung der Kurbelwelle um. Die Kraft, mit der das expandierende Luft-Kraftstoff-Gemisch den Kolben nach unten treibt, wird so über den Hebelarm der Kurbelwelle in ein Drehmoment umgesetzt. Das vom Motor abgegebene Drehmoment M hängt vom Mitteldruck p_e (mittlerer Kolben- bzw. Arbeitsdruck) ab. Es gilt mit V_H (Hubraum des Motors):

$$M = p_e V_H / 4\pi$$

Der Mitteldruck erreicht bei aufgeladenen kleinen Dieselmotoren für Pkw Werte von 17 … 25 bar. Zum Vergleich: Ottomotoren erreichen Werte von 7 … 11 bar.

Das maximal erreichbare Drehmoment M_{max}, das der Motor liefern kann, ist durch die Konstruktion des Motors bestimmt (Größe des Hubraums, Aufladung usw.). Die Anpassung des Drehmoments an die Erfordernisse des Fahrbetriebs erfolgt im Wesentlichen durch die Veränderung der Luft- und Kraftstoffmasse sowie durch die Gemischbildung. Das Drehmoment nimmt mit steigender Drehzahl n bis zum maximalen Drehmoment M_{max} zu (Abb. 1.5). Mit höheren Drehzahlen fällt das Drehmoment wieder ab.

Die Entwicklung in der Motortechnik zielt darauf ab, das maximale Drehmoment schon bei niedrigen Drehzahlen im Bereich von weniger als 2000 min^{-1} bereitzustellen, da in diesem Drehzahlbereich der Kraftstoffverbrauch am günstigsten ist und die Fahrbarkeit als angenehm empfunden wird (und für gutes Anfahrverhalten).

1.2.2   Leistung

Die vom Motor abgegebene Leistung P (erzeugte Arbeit pro Zeit) hängt vom Drehmoment M und der Motordrehzahl n ab. Die Motorleistung steigt mit der Drehzahl, bis sie bei der Nenndrehzahl n_{nenn} mit der Nennleistung P_{nenn} ihren Höchstwert erreicht. Es gilt der Zusammenhang:

$$P = 2\pi n M$$

Abb. 1.5 zeigt den Vergleich von Dieselmotoren der Baujahre 1968, 1998 und 2016 mit ihrem typischen Leistungsverlauf in Abhängigkeit von der Motordrehzahl. Aufgrund der niedrigeren Maximaldrehzahlen haben Dieselmotoren eine geringere hubraumbezogene Leistung als Ottomotoren. Moderne Dieselmotoren für Pkw erreichen Nenndrehzahlen von 3500 … 5000 min^{-1}.

Abb. 1.5 Beispiele für
den Drehmoment- und
Leistungsverlauf von
Pkw-Dieselmotoren
(Hubraum ca. 2,2 l) in
Abhängigkeit von der
Motordrehzahl:
a Leistungsverlauf,
b Drehmomentverlauf.
1 = Baujahr 1968;
2 = Baujahr 1998;
3 = Baujahr 2016

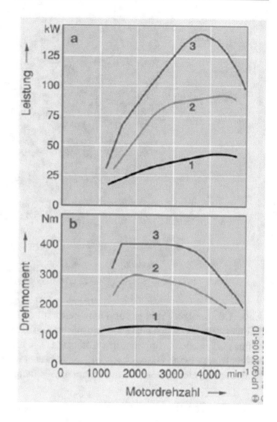

1.3   Motorwirkungsgrad

Der Verbrennungsmotor verrichtet Arbeit durch Druck-Volumen-Änderungen eines
Arbeitsgases (einer Zylinderfüllung). Der effektive Wirkungsgrad des Motors ist das Verhältnis aus eingesetzter Energie (Kraftstoff) und nutzbarer Arbeit. Er ergibt sich aus dem
thermischen Wirkungsgrad eines idealen Arbeitsprozesses (thermodynamischen Ver-
gleichsprozesses) und den Verlustanteilen des realen Prozesses.

1.3.1   Thermodynamischer Vergleichsprozess

Der Seiliger-Prozess (Abb. 1.6) kann als thermodynamischer Vergleichsprozess für den
Hubkolbenmotor herangezogen werden und beschreibt die unter Idealbedingungen
theoretisch nutzbare Arbeit. Für diesen idealen Prozess werden folgende Vereinfachungen
angenommen:

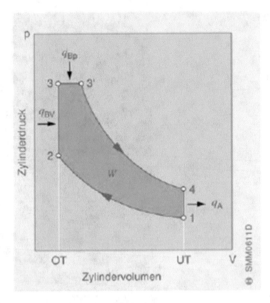

Abb. 1.6 Seiliger-Prozess für Dieselmotoren: 1–2 = isentrope Kompression; 2–3 = isochore Wärmezufuhr; 3–3 = isobare Wärmezufuhr; 3–4 = isentrope Expansion; 4–1 = isochore Wärme- abfuhr; OT = oberer Totpunkt des Kolbens; UT = unterer Totpunkt des Kolbens; q_A = abfließende Wärmemenge beim Gaswechsel; q_{Bp} = Verbrennungswärme bei konstantem Druck; q_{BV} = Ver- brennungswärme bei konstantem Volumen; W = theoretische Arbeit

- ideales Gas als Arbeitsmedium,
- Gas mit konstanter spezifischer Wärme,
- unendlich schnelle Wärmezufuhr und -abfuhr,
- keine Strömungsverluste beim Gaswechsel.

Der Zustand des Arbeitsgases kann durch die Angabe von Druck (p) und Volumen (V) be- schrieben werden. Die Zustandsänderungen werden im p-V-Diagramm (Abb. 1.6) dar- gestellt, wobei die eingeschlossene Fläche der Arbeit entspricht, die in einem Arbeitsspiel verrichtet wird.

Der Seiliger-Prozess besteht aus folgenden Prozessschritten:

1.3.1.1   Isentrope Kompression (1–2)

Bei der isentropen Kompression (Verdichtung bei konstanter Entropie, d. h. ohne Wärme- austausch) nimmt der Druck im Zylinder zu, während das Volumen abnimmt.

1.3.1.2   Isochore Wärmezufuhr (2–3)

Das Gemisch beginnt zu verbrennen. Die Wärmezufuhr (q_{BV}) erfolgt bei konstantem Volu- men (isochor). Der Druck nimmt dabei zu.

1.3.1.3 Isobare Wärmezufuhr (3–3′)

Die weitere Wärmezufuhr (q_{Bp}) erfolgt bei konstantem Druck (isobar), während sich der Kolben abwärts bewegt und das Volumen zunimmt.

1.3.1.4 Isentrope Expansion (3′–4)

Der Kolben geht weiter zum unteren Totpunkt. Es findet kein Wärmeaustausch mehr statt. Der Druck nimmt ab, während das Volumen zunimmt.

1.3.1.5 Isochore Wärmeabfuhr (4–1)

Beim Gaswechsel wird die Restwärme ausgestoßen (q_A). Dies geschieht bei konstantem Volumen (unendlich schnell und vollständig). Damit ist der Ausgangszustand wieder erreicht und ein neuer Arbeitszyklus beginnt.

1.3.2 Der reale Arbeitsprozess

Der reale Arbeitsprozess unterscheidet sich erheblich vom theoretischen Vergleichsprozess. Die Hauptabweichungen sind:

- Im Zylinder befindet sich nicht nur das Luft-Kraftstoff-Gemisch, sondern auch Restgas von der vorherigen Verbrennung,
- der Kraftstoff verbrennt unvollständig,
- die Verbrennung erfolgt weder exakt isochor noch isobar,
- beim Ein- und Ausströmen treten Strömungsverluste auf,
- Gas entweicht über die Kolbenringe und Wärme über die Brennraumoberflächen.

Um die beim realen Prozess geleistete Arbeit zu ermitteln, wird der Zylinderdruckverlauf gemessen und im p-V-Diagramm (Indikator-Diagramm) dargestellt (Abb. 1.7). Die obere, von der Kurve eingeschlossene Fläche entspricht der indizierten Arbeit W_M, d. h. der am Zylinderkolben je Arbeitsspiel geleisteten Arbeit. Hierzu muss bei Ladermotoren die Fläche des Gaswechsels (W_G) addiert werden, da die durch den Lader komprimierte Luft den Kolben in Richtung unterer Totpunkt drückt. Die durch den Gaswechsel verursachten Verluste werden in vielen Betriebspunkten durch den Lader überkompensiert, sodass sich ein positiver Beitrag zur geleisteten Arbeit ergibt.

Die Darstellung des Drucks über dem Kurbelwellenwinkel (Abb. 1.8) findet z. B. bei der thermodynamischen Druckverlaufsanalyse Verwendung.

1.3.3 Wirkungsgrad

Der effektive Wirkungsgrad des Dieselmotors ist definiert als:

$$\eta_e = W_e / \left(m_B H_i \right)$$

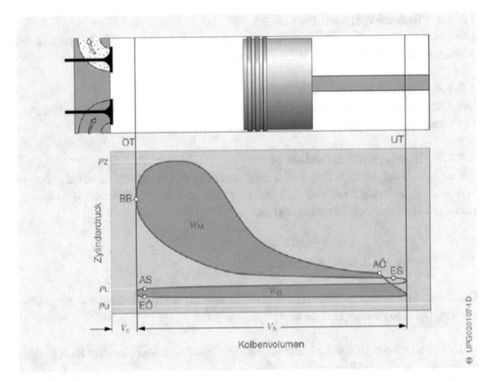

Abb. 1.7 Realer Prozess eines aufgeladenen Dieselmotors im p-V-Indikator-Diagramm (aufgenommen mit einem Drucksensor): AÖ = Auslass öffnet; AS = Auslass schließt; BB Brennbeginn; EÖ = Einlass öffnet; ES = Einlass schließt; OT = oberer Totpunkt des Kolbens; UT = unterer Totpunkt des Kolbens; p_U = Umgebungsdruck; p_L = Ladedruck; p_Z = maximaler Zylinderdruck; V_c = Kompressionsvolumen; V_h = Hubvolumen; W_M = indizierte Arbeit; W_G = Arbeit beim Gaswechsel (Lader)

- W_e ist die an der Kurbelwelle effektiv verfügbare Arbeit,
- m_B ist die Kraftstoffmasse,
- H_i ist der Heizwert des zugeführten Brennstoffs.

Der effektive Wirkungsgrad η_e lässt sich als Produkt aus dem thermischen Wirkungsgrad des Idealprozesses und weiteren Wirkungsgraden darstellen, die den Einflüssen des realen Prozesses Rechnung tragen:

$$\eta_e = \eta_{th}\eta_g\eta_u\eta_m = \eta_i\eta_m$$

1.3.3.1 η_{th}: Thermischer Wirkungsgrad

η_{th} ist der thermische Wirkungsgrad des Seiliger-Prozesses. Er berücksichtigt die im Idealprozess auftretenden Wärmeverluste und hängt im Wesentlichen vom Verdichtungsver-

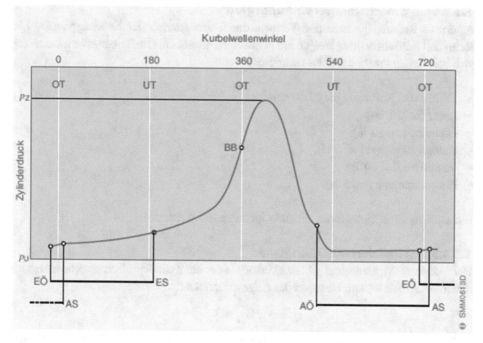

Abb. 1.8 Druckverlauf eines aufgeladenen Dieselmotors im Druck-Kurbelwellen-Diagramm (p-α-Diagramm): AÖ = Auslass öffnet; AS = Auslass schließt; BB = Brennbeginn; EÖ = Einlass öffnet; ES = Einlass schließt; OT = oberer Totpunkt des Kolbens; UT = unterer Totpunkt des Kolbens; p_U = Umgebungsdruck; p_L = Ladedruck; p_Z = maximaler Zylinderdruck

hältnis und von der Luftzahl ab. Da der Dieselmotor gegenüber dem Ottomotor mit höherem Verdichtungsverhältnis und mit hohem Luftüberschuss betrieben wird, erreicht er einen höheren Wirkungsgrad.

1.3.3.2 η_g: Gütegrad

η_g gibt die im realen Hochdruck-Arbeitsprozess erzeugte Arbeit im Verhältnis zur theoretischen Arbeit des Seiliger-Prozesses an. Die Abweichungen des realen Prozesses vom idealen Prozess ergeben sich im Wesentlichen durch Verwenden eines realen statt eines idealen Arbeitsgases, reale Verbrennung statt idealisierter Wärmezufuhr, Lage der Wärmezufuhr, Wandwärmeverluste statt adiabater Zustandsänderung und Strömungsverluste beim Ladungswechsel.

1.3.3.3 η_u: Brennstoffumsetzungsgrad

η_u berücksichtigt die Verluste, die aufgrund der unvollständigen Verbrennung des Kraftstoffs im Zylinder auftreten.

1.3.3.4 η_m: Mechanischer Wirkungsgrad

η_m erfasst Reibungsverluste und Verluste durch den Antrieb der Nebenaggregate. Die Reib- und Antriebsverluste steigen mit der Motordrehzahl an. Die Reibungsverluste setzen sich bei Nenndrehzahl wie folgt zusammen:

- Kolben und Kolbenringe (ca. 50 %),
- Lager (ca. 20 %),
- Ölpumpe (ca. 10 %),
- Kühlmittelpumpe (ca. 5 %),
- Ventiltrieb (ca. 10 %),
- Einspritzpumpe (ca. 5 %).

Ein mechanischer Lader muss ebenfalls hinzugezählt werden.

1.3.3.5 η_i: Indizierter Wirkungsgrad

Der indizierte Wirkungsgrad gibt das Verhältnis der am Zylinderkolben anstehenden, „indizierten" Arbeit W_i zum Heizwert des eingesetzten Kraftstoffs an:

$$\eta_i = W_i / \left(m_B H_i \right)$$

Die effektiv an der Kurbelwelle zur Verfügung stehende Arbeit W_e ergibt sich aus der indizierten Arbeit durch Berücksichtigung der mechanischen Verluste:

$$W_e = W_i \eta_m.$$

1.4   Betriebszustände

1.4.1 Start

Das Starten eines Motors umfasst die Vorgänge Hochschleppen mit dem Anlasser, Zünden und Hochlaufen bis zum Selbstlauf.

Die im Verdichtungshub erhitzte Luft muss den eingespritzten Kraftstoff zünden (beim Brennbeginn). Die erforderliche Mindestzündtemperatur für Dieselkraftstoff beträgt ca. 250 °C. Diese Temperatur muss auch unter ungünstigen Bedingungen erreicht werden. Niedrige Drehzahl, tiefe Außentemperaturen und ein kalter Motor führen zu verhältnismäßig niedriger Kompressionsendtemperatur, denn:

Je niedriger die Motordrehzahl, umso geringer ist der Enddruck der Kompression und dementsprechend auch die Endtemperatur (Abb. 1.9). Die Ursache dafür sind Leckageverluste, die an den Kolbenringspalten zwischen Kolben und Zylinderwand auftreten, wegen anfänglich noch fehlender Wärmedehnung sowie des noch nicht ausgebildeten Ölfilms. Das Maximum der Kompressionstemperatur liegt wegen der Wärmeverluste während der

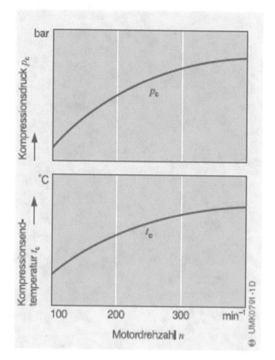

Abb. 1.9 Kompressionsenddruck und -endtemperatur in Abhängigkeit von der Motordrehzahl: T_a = Außentemperatur; T_Z = Zündtemperatur des Dieselkraftstoffs; α_T = thermodynamischer Verlustwinkel; $n \approx 200$ min^{-1}

Verdichtung um einige Grad vor (thermodynamischer Verlustwinkel, Abb. 1.10) OT. Bei kaltem Motor ergeben sich während des Verdichtungstakts größere Wärmeverluste über die Brennraumoberfläche. Bei Kammermotoren (IDI) sind diese Verluste wegen der größeren Oberfläche besonders hoch. Die Triebwerkreibung ist, aufgrund der höheren Motorölviskosität, bei niederen

Temperaturen höher als bei Betriebstemperatur. Dadurch und auch wegen niedriger Batteriespannung werden nur relativ kleine Starterdrehzahlen erreicht.

Um während der Startphase die Temperatur im Zylinder zu erhöhen, werden folgende Maßnahmen ergriffen:

1.4.1.1 Kraftstoffaufheizung

Mit einer Filter- oder direkten Kraftstoffaufheizung kann das Ausscheiden von Paraffinkristallen bei niedrigen Temperaturen (in der Startphase und bei niedrigen Außentemperaturen) vermieden werden.

1.4.1.2 Starthilfesysteme

Bei Direkteinspritzmotoren (DI) für Pkw und generell bei Kammermotoren (IDI) wird in der Startphase das Luft-Kraftstoff-Gemisch im Brennraum (bzw. in der Vor- oder Wirbel-

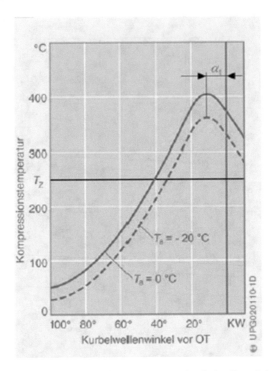

Abb. 1.10 Kompressionstemperatur in Abhängigkeit vom Kurbelwellenwinkel

kammer) durch Glühstiftkerzen erwärmt. Bei Direkteinspritzmotoren für Nfz wird die Ansaugluft vorgewärmt. Beide Starthilfesysteme dienen der Verbesserung der Kraftstoff-verdampfung und Gemischaufbereitung und somit dem sicheren Entflammen des Luft-Kraftstoff-Gemischs.

Glühkerzen neuerer Generation benötigen nur eine Vorglühdauer von wenigen Sekunden und ermöglichen so einen schnellen Start. Die niedrigere Nachglühtemperatur erlaubt zudem längere Nachglühzeiten. Dies reduziert sowohl die Schadstoff- als auch die Geräuschemissionen in der Warmlaufphase des Motors.

1.4.1.3 Einspritzanpassung

Eine Maßnahme zur Startunterstützung ist die Zugabe einer Kraftstoff-Startmehrmenge zur Kompensation von Kondensations- und Leckverlusten des kalten Motors und zur Er-höhung des Motordrehmoments in der Hochlaufphase. Die Frühverstellung des Einspritz-beginns während der Warmlaufphase dient zum Ausgleich des längeren Zündverzugs bei niedrigen Temperaturen und zur Sicherstellung der Zündung im Bereich des oberen Tot-punkts, d. h. bei höchster Verdichtungsendtemperatur. Der optimale Spritzbeginn muss mit enger Toleranz erreicht werden. Zu früh eingespritzter Kraftstoff hat aufgrund des noch zu geringen Zylinderinnendrucks (Kompressionsdrucks) eine größere Eindringtiefe und schlägt sich an den kalten Zylinderwänden nieder. Dort verdampft er nur zum geringen Teil, da zu diesem Zeitpunkt die Ladungstemperatur noch niedrig ist. Bei zu spät eingespritztem Kraftstoff erfolgt die Zündung erst im Expansionshub und der Kolben wird nur noch wenig beschleunigt oder es kommt zu Verbrennungsaussetzern.

1.4.2 Nulllast

Nulllast bezeichnet alle Betriebszustände des Motors, bei denen der Motor nur seine innere Reibung und den Drehmomentbedarf ggf. zugeschalteter Nebenaggregate überwindet. Er gibt kein Drehmoment ab. Die Fahrpedalstellung kann beliebig sein. Alle Drehzahlbereiche bis hin zur Abregeldrehzahl sind möglich.

1.4.3 Leerlauf

Leerlauf bezeichnet die unterste Drehzahl bei Nulllast. Das Fahrpedal ist dabei nicht betätigt. Der Motor gibt kein Drehmoment ab, er überwindet nur die innere Reibung und den Drehmomentbedarf für ggf. zugeschaltete Nebenaggregate. In einigen Quellen wird der gesamte Nulllastbereich als Leerlauf bezeichnet. Die oberste Drehzahl mit Nulllast (Abregeldrehzahl) wird dann obere Leerlaufdrehzahl genannt.

1.4.4 Volllast

Bei Volllast ist das Fahrpedal ganz durchgetreten oder die Volllastmengenbegrenzung wird betriebspunktabhängig von der Motorsteuerung geregelt. Die maximal mögliche Kraftstoffmenge wird eingespritzt und der Motor gibt stationär sein maximal mögliches Drehmoment ab. Instationär (ladedruckbegrenzt) gibt der Motor das mit der zur Verfügung stehenden Luft maximal mögliche (niedrigere) Volllast-Drehmoment ab. Alle Drehzahlbereiche von der Leerlaufdrehzahl bis zur Nenndrehzahl sind möglich.

1.4.5 Teillast

Teillast umfasst alle Bereiche zwischen Nulllast und Volllast. Der Motor gibt ein Drehmoment zwischen null und dem maximal möglichen Drehmoment ab.

1.4.5.1 Unterer Teillastbereich

In diesem Betriebsbereich sind die Verbrauchswerte im Vergleich zum Ottomotor besonders günstig. Das früher beanstandete „Nageln" – besonders bei kaltem Motor – tritt bei Dieselmotoren mit Voreinspritzung praktisch nicht mehr auf. Die Kompressions-Endtemperatur wird bei niedriger Drehzahl und kleiner Last geringer. Im Vergleich zur Volllast ist der Brennraum relativ kalt (auch bei betriebswarmem Motor), da die Energie-

zufuhr und damit die Temperaturen gering sind. Nach einem Kaltstart erfolgt die Auf-
heizung des Brennraums bei unterer Teillast nur langsam. Dies trifft insbesondere für
Vor- und Wirbelkammermotoren zu, weil bei diesen die Wärmeverluste aufgrund der großen Oberfläche besonders hoch sind. Bei kleiner Last und bei der Voreinspritzung werden
nur wenige mm^3 Kraftstoff pro Einspritzung zugemessen. In diesem Fall werden besonders hohe Anforderungen an die Genauigkeit von Einspritzbeginn und Einspritzmenge
gestellt. Ähnlich wie beim Start entsteht die benötigte Verbrennungstemperatur auch bei
Leerlaufdrehzahl nur in einem kleinen Kolbenhubbereich bei OT. Der Spritzbeginn ist
hierauf sehr genau abgestimmt.

Während der Zündverzugsphase (zwischen Einspritzbeginn und Zündbeginn) darf nur
wenig Kraftstoff eingespritzt werden, da zum Zündzeitpunkt die im Brennraum vorhandene Kraftstoffmenge über den plötzlichen Druckanstieg im Zylinder entscheidet. Je
höher dieser ist, umso lauter wird das Verbrennungsgeräusch. Eine Voreinspritzung von
ca. 1 mm^3 (für Pkw) macht den Zündverzug der Haupteinspritzung fast zu null und verringert damit wesentlich das Verbrennungsgeräusch.

1.4.6 Schubbetrieb

Im Schubbetrieb wir der Motor von außen über den Antriebsstrang angetrieben (z. B. bei
Bergabfahrt). Es wird kein Kraftstoff eingespritzt (Schubabschaltung).

1.4.7 Stationärer Betrieb

Das vom Motor abgegebene Drehmoment entspricht dem über die Fahrpedalstellung an-
geforderten Drehmoment. Die Drehzahl bleibt konstant.

1.4.8 Instationärer Betrieb

Das vom Motor abgegebene Drehmoment entspricht nicht dem geforderten Drehmoment
oder die Drehzahl verändert sich.

1.4.9 Übergang zwischen den Betriebszuständen

Ändert sich die Last, die Motordrehzahl oder die Fahrpedalstellung, verändert der Motor
seinen Betriebszustand (z. B. Motordrehzahl, Drehmoment).

Das Verhalten eines Motors kann mit Kennfeldern beschrieben werden. Das Kennfeld
in Abb. 1.11 zeigt an einem Beispiel, wie sich die Motordrehzahl ändert, wenn ohne
Schaltvorgang die Fahrpedalstellung von 40 % auf 70 % verändert wird. Ausgehend vom

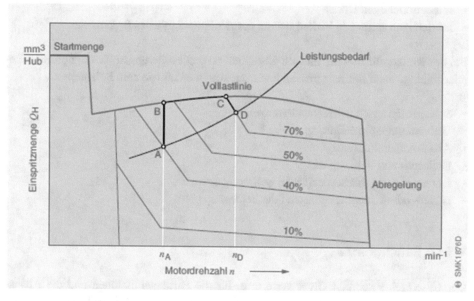

Abb. 1.11 Einspritzmenge in Abhängigkeit von der Drehzahl und der Fahrpedalstellung (Beispiel). Die Bedeutungen der Buchstaben A–D werden im Text erklärt

Betriebspunkt A wird in diesem Beispiel über die Volllast (B–C) der neue Teillast-Betriebspunkt D erreicht. Dort sind der angeforderte, gestiegene Leistungsbedarf und die vom Motor abgegebene, ebenfalls gestiegene Leistung gleich. Die Drehzahl erhöht sich dabei von n_A auf n_D. Abhängig von Ausgangs- und Zielpunkt im Kennfeld (Gangstufe und Motordrehzahlen) kann der neue Betriebspunkt ggf. auch ohne Nutzung der Volllast erreicht werden.

1.5   Betriebsbedingungen

Der Kraftstoff wird beim Dieselmotor direkt in die hoch verdichtete, heiße Füllung eingespritzt, an der er sich selbst entzündet. Der Dieselmotor ist daher und wegen des heterogenen Luft-Kraftstoff-Gemischs – im Gegensatz zum Ottomotor – nicht an globale Zündgrenzen (d. h. bestimmte Luftzahlen λ) gebunden. Deshalb wird die Motorleistung bei konstanter Luftmenge im Motorzylinder nur über die Kraftstoffmenge geregelt. Das Einspritzsystem muss die Dosierung des Kraftstoffs und die gleichmäßige Verteilung in der ganzen Ladung übernehmen – und dies bei allen Drehzahlen und Lasten sowie abhängig von Druck und Temperatur der Ansaugluft.

Jeder Betriebspunkt benötigt somit den Kraftstoff …

- in der richtigen Menge,
- zur richtigen Zeit,

- mit dem richtigen Druck,
- im richtigen zeitlichen Verlauf und an der richtigen Stelle des Brennraums.

Bei der Kraftstoffdosierung müssen zusätzlich zu den Forderungen für die optimale Gemischbildung auch Betriebsgrenzen berücksichtigt werden wie zum Beispiel:

- Schadstoffgrenzen (z. B. Rauchgrenze),
- Verbrennungsspitzendruckgrenze,
- Abgastemperaturgrenze,
- Drehzahl- und Volllastgrenze,
- fahrzeug- und gehäusespezifische Belastungsgrenzen,
- Höhen- oder Ladedruckgrenzen oder beides.

1.5.1 Rauchgrenze

Der Gesetzgeber schreibt Grenzwerte u. a. für die Partikelemissionen und die Abgastrübung vor. Da die Gemischbildung zum großen Teil erst während der Verbrennung abläuft, kommt es zu lokal starken Schwankungen von λ und damit auch bei Luftüberschuss zur Emission von Rußpartikeln. Das an der Volllast-Rauchgrenze fahrbare Luft-Kraftstoff-Verhältnis ist ein Maß für die Güte der Luftausnutzung.

1.5.2 Verbrennungsdruckgrenze

Während des Zündvorgangs verbrennt der teilweise verdampfte und mit der Luft vermischte Kraftstoff bei hoher Verdichtung mit hoher Geschwindigkeit und einer hohen ersten Wärmefreisetzungsspitze. Man spricht daher von einer „harten" Verbrennung. Dabei entstehen hohe Verbrennungsspitzendrücke, und die auftretenden Kräfte bewirken periodisch wechselnde Belastungen der Motorbauteile. Dimensionierung und Dauerhaltbarkeit der Motor- und Antriebsstrangkomponenten begrenzen somit den zulässigen Verbrennungsdruck und damit die Einspritzmenge. Dem schlagartigen Anstieg des Verbrennungsdrucks wird meist durch Voreinspritzung entgegengewirkt.

1.5.3 Abgastemperaturgrenze

Eine hohe thermische Beanspruchung der den heißen Brennraum umgebenden Motorbauteile, die Warmfestigkeit der Auslassventile sowie der Abgasanlage, des Zylinderkopfs und insbesondere des Turboladers bestimmen die Abgastemperaturgrenze eines Dieselmotors.

1.5.4 Drehzahlgrenzen

Wegen des vorhandenen Luftüberschusses beim Dieselmotor hängt die Leistung bei konstanter Drehzahl im Wesentlichen von der Einspritzmenge ab. Wird dem Dieselmotor Kraftstoff zugeführt, ohne dass ein entsprechendes Drehmoment abgenommen wird, steigt die Motordrehzahl. Wird die Kraftstoffzufuhr vor dem Überschreiten einer kritischen Motordrehzahl nicht reduziert, „geht der Motor durch", d. h., er kann sich selbst zerstören. Eine Drehzahlbegrenzung bzw. -regelung ist deshalb beim Dieselmotor zwingend erforderlich.

Beim Dieselmotor als Antrieb von Straßenfahrzeugen muss die Drehzahl über das Fahrpedal vom Fahrer frei wählbar sein. Bei Belastung des Motors oder Loslassen des Fahrpedals darf die Motordrehzahl nicht unter die Leerlaufgrenze bis zum Stillstand abfallen. Dazu wird ein Leerlauf- und Enddrehzahlregler eingesetzt. Der dazwischenliegende Drehzahlbereich wird über die Fahrpedalstellung geregelt. Vom Dieselmotor als Maschinenantrieb erwartet man, dass auch unabhängig von der Last eine bestimmte Drehzahl konstant gehalten wird bzw. in zulässigen Grenzen bleibt. Dazu werden Alldrehzahlregler eingesetzt, die über den gesamten Drehzahlbereich regeln.

1.5.5 Höhen- und Ladedruckgrenzen

Die Auslegung der Einspritzmengen erfolgt sowohl für Meereshöhe (NN) als auch für größere Höhen über NN. Ein Turbolader kann den Füllungsverlust im Zylinder aufgrund des sinkenden Luftdrucks bei Betrieb des Motors in der Höhe teilweise ausgleichen. Wird der Motor aber in großen Höhen betrieben, muss die Kraftstoffmenge entsprechend dem Abfall des Luftdrucks und folglich der Zylinderfüllung angepasst werden, um die Rauchgrenze einzuhalten. Als Richtwert gilt nach der barometrischen Höhenformel eine Luftdichteverringerung von 7 % pro 1000 m Höhe. Bei aufgeladenen Motoren ist die Zylinderfüllung im dynamischen Betrieb oft geringer als im stationären Betrieb. Da die maximale Einspritzmenge auf den stationären Betrieb ausgelegt ist, muss sie im dynamischen Betrieb entsprechend der geringeren Luftmenge reduziert werden (ladedruckbegrenzte Volllast).

Für den Betriebsbereich eines Motors lässt sich ein Kennfeld festlegen. Dieses Kennfeld (Abb. 1.12) zeigt die Kraftstoffmenge in Abhängigkeit von Drehzahl und Last sowie beispielhaft Temperatur- und Luftdruckkorrekturen.

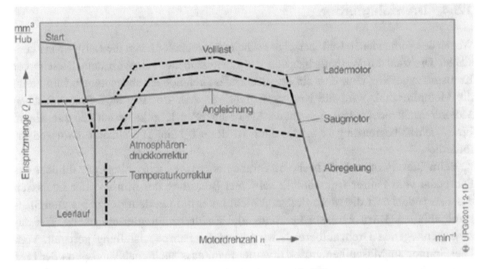

Abb. 1.12 Kraftstoff-Einspritzmenge in Abhängigkeit von Drehzahl und Last (blau unkorrigiert); Temperaturkorrektur im Leerlauf bei kalten Temperaturen; Atmosphärendruckkorrektur in großen Höhen. (Beim Ladermotor: wenn der Lader den Abfall des Luftdrucks nicht mehr kompensieren kann.)

1.6   Einspritzsystem

Der Kraftstoff wird von der Vorförderpumpe über ein Vorfilter aus dem Tank angesaugt und durch den Kraftstofffilter zur Hochdruckpumpe gefördert. Diese erzeugt den für die Einspritzung erforderlichen Kraftstoffdruck. Der Kraftstoff gelangt bei den meisten Systemen über Hochdruckleitungen und einen gemeinsamen Speicher (Common Rail) zum Injektor bzw. zur Einspritzdüse und wird mit einem Druck von 300 … 2700 bar in den Brennraum eingespritzt.

Die vom Motor abgegebene Leistung, aber auch das Verbrennungsgeräusch und die Zusammensetzung des Abgases werden wesentlich durch die eingespritzte Kraftstoffmasse, den Einspritzdruck, den Einspritzzeitpunkt und den Einspritz- bzw. Verbrennungsverlauf beeinflusst.

Bis in die 1980er-Jahre wurde die Einspritzung, d. h. die Einspritzmenge und der Einspritzbeginn, bei Fahrzeugmotoren ausschließlich mechanisch geregelt. Dabei wird die Einspritzmenge über eine Steuerkante am Kolben oder über Schieber je nach Last und Drehzahl variiert. Der Spritzbeginn wird bei mechanischer Regelung über Fliehgewichtsregler oder hydraulisch über Drucksteuerung verstellt. Seit 1986 werden Diesel-Einspritzsysteme zunehmend mit digitalen, elektronischen Regelungen ausgestattet (elektronische Kraftstoff-Mengenregler für Verteilerpumpen und ab 1987 auch von Reihenpumpen). Mit der Umstellung auf die modernen Direkteinspritzsysteme (Unit-Injector- und Unit-Pump-System, Common-Rail-System) ab 1994 liegen sämtliche regelungstechnische Funktionen im elektronischen Steuergerät (Electronic Diesel Control, EDC). Diese Elektronische Dieselregelung berücksichtigt bei der Berechnung der Einspritzung verschiedene Größen wie Motordrehzahl, Last, Temperatur, geografische Höhe usw. Die Regelung von Einspritzbeginn und -menge erfolgt über Magnetventile oder Piezoaktoren in den Injektoren und ist wesentlich präziser als die mechanische Regelung.

1.7   Brennräume

Die Form des Brennraums ist mit entscheidend für die Güte der Verbrennung und somit für die Leistung und das Abgasverhalten des Dieselmotors. Die Brennraumform kann bei geeigneter Gestaltung mithilfe der Kolbenbewegung Drallströmungen unterstützen bzw. Quetsch- und Turbulenzströmungen erzeugen, die zur Verteilung des flüssigen Kraftstoffs oder des Luft-Kraftstoffdampf-Strahls im Brennraum genutzt werden.

Folgende Verfahren kommen zur Anwendung:

- ungeteilter Brennraum (Direct Injection Engine, DI, Direkteinspritzmotoren),
- geteilter Brennraum (Indirect Injection Engine, IDI, Kammermotoren).

Aufgrund gestiegener Leistungs-, Verbrauchs- und Emissionsanforderungen wurde die Entwicklung von Kammermotoren in den 1990er-Jahren eingestellt. Das härtere Verbrennungsgeräusch der DI-Motoren (vor allem bei der Beschleunigung) kann mit einer Voreinspritzung auf das niedrigere Geräuschniveau von Kammermotoren gebracht werden. DI-Motoren haben gegenüber IDI-Motoren einen signifikanten Kraftstoffverbrauchsvorteil (bis zu 20 %).

1.7.1   Ungeteilter Brennraum (Direkteinspritzverfahren)

Direkteinspritzmotoren (Abb. 1.13) haben einen höheren Wirkungsgrad und arbeiten wirtschaftlicher als Kammermotoren. Beim Direkteinspritzverfahren wird der Kraftstoff direkt in den im Kolben eingearbeiteten Brennraum (Kolbenmulde, 2) eingespritzt. Die Kraftstoffzerstäubung, -erwärmung, -verdampfung und die Vermischung mit der Luft müssen daher in einer kurzen zeitlichen Abfolge stehen. Dabei werden an die Kraftstoff- und Luftzuführung hohe Anforderungen gestellt. Während des Ansaug- und Verdichtungstakts wird durch die besondere Form des Ansaugkanals im Zylinderkopf ein Luftwirbel im Zylinder erzeugt. Auch die Gestaltung des Brennraums trägt zur Luftbewegung am Ende des Verdichtungshubs (d. h. zu Beginn der Einspritzung) bei. Von den im Lauf der Entwicklung des Dieselmotors angewandten Brennraumformen findet gegenwärtig die ω-Kolbenmulde die breiteste Verwendung.

Neben einer guten Luftverwirbelung muss auch der Kraftstoff räumlich gleichmäßig verteilt zugeführt werden, um eine schnelle Vermischung zu erzielen. Beim Direktein-

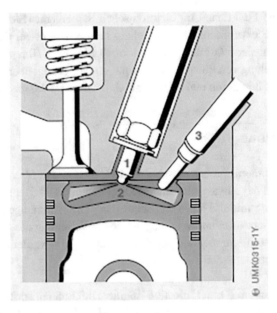

Abb. 1.13 Direkteinspritzverfahren: 1 = Mehrlochdüse; 2 = ω-Kolbenmulde; 3 = Glühstiftkerze

spritzverfahren kommt eine Mehrlochdüse zur Anwendung, deren Strahllage in Abstimmung mit der Brennraumauslegung optimiert ist. Der Einspritzdruck beim Direkteinspritzverfahren ist sehr hoch (bis zu 2700 bar). In der Praxis gibt es bei der Direkteinspritzung zwei Methoden:

- Unterstützung der Gemischaufbereitung durch gezielte Luftbewegung,
- Beeinflussung der Gemischaufbereitung nahezu ausschließlich durch die Kraftstoffeinspritzung unter weitgehendem Verzicht auf eine Luftbewegung.

Im zweiten Fall ist keine Arbeit für die Luftverwirbelung aufzuwenden, was sich in geringerem Gaswechselverlust und besserer Füllung bemerkbar macht. Gleichzeitig aber bestehen erheblich höhere Anforderungen an die Einspritzausrüstung bezüglich Lage der Einspritzdüse, Anzahl der Düsenlöcher, Feinheit der Zerstäubung (abhängig vom Spritzlochdurchmesser), Einspritzmuster und Höhe des Einspritzdrucks, um die erforderliche kurze Einspritzdauer und eine gute Gemischbildung zu erreichen.

1.7.2 Geteilter Brennraum (indirekte Einspritzung)

Dieselmotoren mit geteiltem Brennraum (Kammermotoren) hatten lange Zeit Vorteile bei den Geräusch- und Schadstoffemissionen gegenüber den Motoren mit Direkteinspritzung. Sie wurden deshalb bei Pkw und leichten Nfz eingesetzt. Heute arbeiten Direkteinspritzmotoren jedoch durch den hohen Einspritzdruck, die Elektronische Dieselregelung und die Voreinspritzung sparsamer als Kammermotoren und mit vergleichbaren Geräusch-emissionen. Deshalb kommen Kammermotoren bei Fahrzeugneuentwicklungen nicht mehr zum Einsatz.

Man unterscheidet zwei Verfahren mit geteiltem Brennraum:

- Vorkammerverfahren und
- Wirbelkammerverfahren.

1.7.2.1 Vorkammerverfahren

Beim Vorkammerverfahren wird der Kraftstoff in eine heiße, im Zylinderkopf angebrachte Vorkammer eingespritzt (Abb. 1.14, Pos. 2). Die Einspritzung erfolgt dabei mit einer Zapfendüse (1) unter relativ niedrigem Druck (bis 450 bar). Eine speziell gestaltete Prall-fläche (3) in der Kammermitte zerteilt den auftreffenden Strahl und vermischt ihn intensiv mit der Luft.

Die in der Vorkammer einsetzende Verbrennung treibt das teilverbrannte Luft-Kraftstoff-Gemisch durch den Strahlkanal (4) in den Hauptbrennraum. Hier findet während der weiteren Verbrennung eine intensive Vermischung mit der vorhandenen Luft statt. Das Volumenverhältnis zwischen Vorkammer und Hauptbrennraum beträgt etwa 1 : 2. Der kurze Zündverzug (Zeit von Einspritzbeginn bis Zündbeginn) und die abgestufte Energie-freisetzung führen zu einer weichen Verbrennung mit niedriger Geräuschentwicklung und Motorbelastung.

Abb. 1.14 Vorkammerverfahren: 1 = Einspritzdüse; 2 = Vorkammer, 3 = Prallfläche; 4 = Strahl-kanal; 5 = Glühstiftkerze

Eine geänderte Vorkammerform mit Verdampfungsmulde sowie eine geänderte Form und Lage der Prallfläche (Kugelstift) geben der Luft, die beim Komprimieren aus dem Zylinder in die Vorkammer strömt, einen vorgegebenen Drall. Der Kraftstoff wird unter einem Winkel von 5 Grad zur Vorkammerachse eingespritzt. Um den Verbrennungsablauf nicht zu stören, sitzt die Glühstiftkerze (5) im „Abwind" des Luftstroms. Ein gesteuertes Nachglühen bis zu 1 Minute nach dem Kaltstart (abhängig von der Kühlwassertemperatur) trägt zur Abgasverbesserung und Geräuschminderung in der Warmlaufphase bei.

1.7.2.2 Wirbelkammerverfahren

Bei diesem Verfahren wird die Verbrennung ebenfalls in einem Nebenraum (Wirbel-kammer) eingeleitet, der ca. 60 % des Kompressionsvolumens umfasst. Die kugel- oder scheibenförmige Wirbelkammer ist über einen tangential einmündenden Schusskanal mit dem Zylinderraum verbunden (Abb. 1.15, Pos. 2). Während des Verdichtungstakts wird die über den Schusskanal eintretende Luft in eine Wirbelbewegung versetzt. Der Kraft-stoff wird so eingespritzt, dass er den Wirbel senkrecht zu seiner Achse durchdringt und auf der gegenüberliegenden Kammerseite in einer heißen Wandzone auftrifft.

Mit Beginn der Verbrennung wird das Luft-Kraftstoff-Gemisch durch den Schusskanal in den Zylinderraum gedrückt und mit der dort noch vorhandenen restlichen Verbrennungs-luft stark verwirbelt. Beim Wirbelkammerverfahren sind die Strömungsverluste zwischen dem Hauptbrennraum und der Nebenkammer geringer als beim Vorkammerverfahren, da der Überströmquerschnitt größer ist. Dies führt zu geringeren Drosselverlusten mit ent-

Abb. 1.15 Wirbelkammerverfahren: 1 = Einspritzdüse, 2 = tangentialer Schusskanal; 3 = Glüh-stiftkerze

sprechendem Vorteil für den inneren Wirkungsgrad und den Kraftstoffverbrauch. Das Verbrennungsgeräusch ist jedoch lauter als beim Vorkammerverfahren.

Es ist wichtig, dass die Gemischbildung möglichst vollständig in der Wirbelkammer erfolgt. Die Gestaltung der Wirbelkammer, die Anordnung und Gestalt des Düsenstrahls und auch die Lage der Glühkerze müssen sorgfältig auf den Motor abgestimmt sein, um bei allen Drehzahlen und Lastzuständen eine gute Gemischaufbereitung zu erzielen. Eine weitere Forderung ist das schnelle Aufheizen der Wirbelkammer nach dem Kaltstart. Damit reduziert sich der Zündverzug, zudem entsteht ein geringeres Verbrennungsgeräusch und beim Warmlauf keine unverbrannten Kohlenwasserstoffe (Blaurauch) im Abgas.

1.8 Einsatzgebiete des Dieselmotors

Kein anderer Verbrennungsmotor wird so vielfältig eingesetzt wie der Dieselmotor. Dies ist vor allem auf seinen hohen Wirkungsgrad und die damit verbundene Wirtschaftlichkeit zurückzuführen.

Die wesentlichen Einsatzgebiete für Dieselmotoren sind:

- Stationärmotoren,
- Pkw und leichte Nfz,
- schwere Nfz,
- Bau- und Landmaschinen,
- Lokomotiven,
- Schiffe.

Dieselmotoren werden als Reihenmotoren und V-Motoren gebaut. Sie eignen sich grundsätzlich sehr gut für die Aufladung, da bei ihnen im Gegensatz zum Ottomotor kein Klopfen auftritt.

1.8.1 Eigenschaftskriterien

Für den Einsatz eines Dieselmotors sind beispielsweise folgende Merkmale und Eigenschaften von Bedeutung:

- Motorleistung,
- spezifische Leistung,
- Betriebssicherheit,
- Herstellungskosten,
- Wirtschaftlichkeit im Betrieb,
- Zuverlässigkeit,

- Umweltverträglichkeit,
- Komfort.

Je nach Anwendungsbereich ergeben sich für die Auslegung des Dieselmotors unterschiedliche Schwerpunkte.

1.8.2 Anwendungen

1.8.2.1 Stationärmotoren

Stationärmotoren (z. B. für Stromerzeuger) werden oft mit einer festen Drehzahl betrieben. Motor und Einspritzsystem können somit optimal auf diese Drehzahl abgestimmt werden. Ein Drehzahlregler verändert die Einspritzmenge entsprechend der geforderten Last. Auch Pkw- und Nfz-Motoren können als Stationärmotoren eingesetzt werden. Die Regelung des Motors muss jedoch ggf. den veränderten Bedingungen angepasst sein.

1.8.2.2 Pkw und leichte Nfz

Besonders von Pkw-Motoren wird ein hohes Maß an Durchzugskraft und Laufruhe erwartet. Auf diesem Gebiet wurden durch weiterentwickelte Motoren und neue Einspritzsysteme mit elektronischer Regelung große Fortschritte erzielt. Das Leistungs- und Drehmomentverhalten konnte auf diese Weise seit Beginn der 1990er-Jahre wesentlich verbessert werden. Verbunden mit dem – gegenüber Ottomotoren – deutlich geringeren Kraftstoffverbrauch hat sich der Dieselmotor in allen Fahrzeugbereichen etabliert. In Pkw werden Schnellläufer mit Drehzahlen bis etwa 5000 min^{-1} eingesetzt.

Neue Pkw-Dieselmotoren werden in Europa nur noch mit Direkteinspritzung (DI, Direct Injection Engine) entwickelt. Diese heute fast ausschließlich mit einem Abgasturbolader ausgerüsteten Motoren bieten deutlich höhere Drehmomente als vergleichbare Ottomotoren. Das im Fahrzeug maximal mögliche Drehmoment wird meist von den zur Verfügung stehenden Getrieben und nicht vom Motor bestimmt.

1.8.2.3 Schwere Nfz

Motoren für schwere Nfz müssen vor allem wirtschaftlich sein. Deshalb sind in diesem Anwendungsbereich nur Dieselmotoren mit Direkteinspritzung (DI) zu finden. Der Drehzahlbereich reicht bis ca. 2500 min^{-1}.

1.8.2.4 Bau- und Landmaschinen

Im Bereich der Bau- und Landmaschinen hat der Dieselmotor seinen klassischen Einsatzbereich. Bei der Auslegung dieser Motoren wird außer auf die Wirtschaftlichkeit besonders hoher Wert auf Robustheit, Zuverlässigkeit und Servicefreundlichkeit gelegt. Die maximale Leistungsausbeute und die Geräuschoptimierung haben einen geringeren Stellenwert als zum Beispiel bei Pkw-Motoren. Bei dieser Anwendung werden Motoren mit Leistungen ab ca. 3 kW bis hin zu Leistungen oberhalb derer von schweren Lkw eingesetzt. Im

Gegensatz zu allen anderen Einsatzbereichen, in denen vorwiegend wassergekühlte Motoren verwendet werden, hat bei den Bau- und Landmaschinen die robuste und einfach realisierbare Luftkühlung noch große Bedeutung.

1.8.2.5 Lokomotiven

Lokomotivmotoren sind, ähnlich wie größere Schiffsdieselmotoren, besonders auf Dauerbetrieb ausgelegt. Außerdem müssen sie gegebenenfalls auch mit schlechteren Dieselkraftstoff-Qualitäten zurechtkommen. Ihre Baugröße umfasst den Bereich großer Nfz-Motoren bis zu mittleren Schiffsmotoren.

1.8.2.6 Schiffe

Die Anforderungen an Schiffsmotoren sind je nach Einsatzbereich sehr unterschiedlich. Es gibt ausgesprochene Hochleistungsmotoren für z. B. Marine- oder Sportboote. Für diese Anwendung werden Viertakt-Mittelschnellläufer mit einem Drehzahlbereich zwischen $400 \ldots 1500 \text{ min}^{-1}$ und bis zu 24 Zylindern eingesetzt. Andererseits finden auf äußerste Wirtschaftlichkeit im Dauerbetrieb ausgelegte Zweitakt-Großmotoren Verwendung. Mit diesen Langsamläufern ($n < 300 \text{ min}^{-1}$) werden auch die höchsten mit Kolbenmotoren erreichbaren effektiven Wirkungsgrade von bis zu 55 % erreicht.

Großmotoren werden oft mit preiswertem Schweröl betrieben. Dazu ist eine aufwendige Kraftstoffaufbereitung an Bord erforderlich. Der Kraftstoff muss je nach Qualität auf bis zu 160 °C aufgeheizt werden. Erst dadurch wird seine Viskosität auf einen Wert gesenkt, der ein Filtern und Pumpen ermöglicht.

Für kleinere Schiffe werden oft Motoren aus dem Nutzfahrzeugbereich eingesetzt. Damit steht ein wirtschaftlicher Antrieb mit niedrigen Entwicklungskosten zur Verfügung. Auch bei diesen Anwendungen muss die Regelung an das veränderte Einsatzprofil angepasst sein.

1.8.2.7 Mehr- oder Vielstoffmotoren

Für Sonderanwendungen (z. B. Einsatz in Gebieten mit sehr schlechter Infrastruktur und Militäranwendungen) wurden Dieselmotoren mit der Eignung für wechselweisen Betrieb mit Diesel-, Otto- und ähnlichen Kraftstoffen entwickelt. Die Anwendung von Vielstoffmotoren ist heute praktisch auf Militärfahrzeuge beschränkt. Dual-Fuel-Motoren, die wahlweise nur mit Diesel oder hauptsächlich mit (Methan-)Gas und Diesel nur als Zündquelle gefahren werden können, haben eine größere Bedeutung in Südamerika. Hier gibt es zum einen günstigen gasförmigen Kraftstoff und zum anderen eine sehr gute Infrastruktur für diesen Typ von Kraftstoff.

1.8.3 Motorkenndaten

Tab. 1.1 zeigt die wichtigsten Vergleichsdaten verschiedener Diesel- und Ottomotoren. Die Entwicklung von IDI-Dieselmotoren wurde in den 1990er-Jahren eingestellt. Bei

Tab. 1.1 Vergleichsdaten Dieselmotoren

Einspritzsystem	Nenndrehzahl n_{Nenn} [min^{-1}]	Verdichtungsverhältnis ε	Mitteldruck p_e [bar]	spezifische Leistung $p_{e,\,spez}$ [kW/l]	Leistungsgewicht m_{spez} [kg/kW]	spez. Kraftstoffverbrauch[1] b_e [g/kWh]
Dieselmotoren						
IDI[2] Pkw Saugmotoren	3500 … 5000	20 … 24	7 … 9	20 … 35	5 … 3	320 … 240
IDI[2] Pkw mit Aufladung	3500 … 4500	20 … 24	9 … 12	30 … 45	4 … 2	290 … 240
DI[3] Pkw mit Aufladung u. LLK[4]	3600 … 4400	14 … 18	17 … 32	30 … 98	4 … 1	210 … 195
DI[3] Lkw mit Aufladung u. LLK[4]	1800 … 2300	16 … 18	15 … 28	25 … 35	5 … 2	210 … 180
Bau- und Landmaschinen	1000 … 3600	16 … 20	7 … 28	6 … 37	10 … 1	250 … 190
Lokomotiven	750 … 1000	12 … 15	17 … 23	20 … 23	10 … 5	190 … 170
Schiffe (Viertakt)	400 … 1500	13 … 17	18 … 26	10 … 26	16 … 13	180 … 160
Schiffe (Zweitakt)	50 … 250	6 … 8	14 … 18	3 … 8	32 … 16	170 … 150
Ottomotoren						
Pkw Saugmotoren	4500 … 7500	10 … 11	12 … 15	50 … 75	2 … 1	350 … 250
Pkw mit Aufladung	5000 … 7000	7 … 9	11 … 15	85 … 105	2 … 1	380 … 250

[1] Bestverbrauch; [2] IDI Indirect Injection (Kammermotoren); [3] DI Direct Injection (Direkteinspritzung); [4] Ladeluftkühlung

Ottomotoren mit Benzin-Direkteinspritzung (BDE) liegt der Mitteldruck um ca. 10 % höher als bei den in der Tabelle angegebenen Motoren mit Saugrohreinspritzung. Der spezifische Kraftstoffverbrauch ist dabei um bis zu 25 % geringer. Das Verdichtungsverhältnis bei diesen Motoren geht bis $\varepsilon = 13$.

Abgasnachbehandlung

2

Sebastian Fischer, Michael Krüger, Hartmut Lüders, Florian
Dittrich und Ulrich Projahn

2.1 Entstehung von Schadstoffen bei der dieselmotorischen Verbrennung und innermotorische Reduktionsmaßnahmen

2.1.1 Schadstoffbildung

Bei einer vollständig ideal verlaufenden motorischen Verbrennung von Kohlenwasserstoffen (HC, Hydrocarbon) würde, neben der gewünschten Wärmeenergie, lediglich Wasser (H_2O) und Kohlendioxid (CO_2) entstehen, wobei deren Mengenverhältnis vom H : C-Verhältnis des Kraftstoffs abhängt. Sowohl Diesel- als auch Ottokraftstoff können mit der Summenformel C_xH_y beschrieben werden. Der ideale stöchiometrische Verbrennungsprozess liefert dann:

$$C_xH_y + \left(x + \frac{y}{4}\right) \cdot O_2 \rightarrow x \cdot CO_2 + \frac{y}{2} \cdot H_2O$$

Das entstehende Wasser ist umwelttechnisch unbedenklich, CO_2 ist ungiftig, trägt aber zum Treibhauseffekt bei. Wegen der nichtidealen Verbrennungsbedingungen im Brennraum (z. B. nicht verdampfende Kraftstofftröpfchen) und weiterer Bestandteile im Kraftstoff (z. B. Schwefel) entstehen weitere, teilweise toxische Nebenprodukte. Bei inhomogenen Brennverfahren mit $\lambda > 1$, der typischen dieselmotorischen Verbrennung, aber auch bei geschichtet betriebenen Ottomotoren mit Direkteinspritzung entsteht als weiterer Schadstoff Ruß (Abb. 2.1).

S. Fischer · M. Krüger · H. Lüders · F. Dittrich · U. Projahn (✉)
Robert Bosch GmbH, Stuttgart, Deutschland
E-Mail: Ulrich.Projahn@de.bosch.com

© Springer Fachmedien Wiesbaden GmbH, ein Teil von Springer Nature 2023
K. Reif (Hrsg.), *Abgastechnik für Dieselmotoren*, Motorsteuerung lernen,
https://doi.org/10.1007/978-3-658-38722-8_2

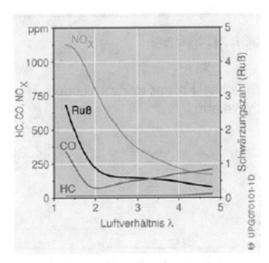

Abb. 2.1 Schadstoffkonzentrationen im Abgas eines Dieselmotors bei Variation des Luftverhält-nisses λ (nach [1])

Während durch Verbrennungsoptimierung und Verbesserung der Kraftstoffqualität die Bildung der Nebenprodukte reduziert werden kann, hängt der CO_2-Ausstoß im Wesentlichen vom Kohlenstoffgehalt des Kraftstoffs ab. Eine Reduzierung ist daher nur durch einen geringeren Kraftstoffverbrauch oder durch den Einsatz kohlenstoffärmerer Kraftstoffe (z. B. Erdgas) zu erreichen.

Die Hauptvorteile des Dieselmotors – geringer Verbrauch, hohes Drehmoment bei niedriger Drehzahl – entfalten sich gerade bei abgasturboaufgeladenen Motoren mit Direkteinspritzung. Dieses Brennverfahren ist gekennzeichnet durch örtlich stark schwankende Luftverhältnisse. Im Inneren der einzelnen Flammen, die sich um die Einspritzstrahlen ausbilden, besteht Luftmangel ($\lambda \ll 1$), zwischen den Einspritzstrahlen und an der Brennraumwand besteht Luftüberschuss ($\lambda \gg 1$). Ruß entsteht in Bereichen von Luftmangel, Stickstoffoxide entstehen hauptsächlich direkt hinter der lokal sehr heißen Flammenfront. Die Entstehung der beiden Hauptschadstoffe bei der dieselmotorischen Verbrennung ist also direkt an das Brennverfahren gekoppelt. Die kontinuierliche Reduktion dieser Schadstoffe, bei gleichzeitig stetiger Verbrauchsabsenkung und Leistungsoptimierung, ist unverändert im Fokus der Dieselmotorentwicklung [2].

2.1.2 Hauptbestandteile des Abgases

2.1.2.1 Wasser

Der im Kraftstoff enthaltene, chemisch gebundene Wasserstoff verbrennt mit dem Luftsauerstoff zu Wasserdampf, der beim Abkühlen zum größten Teil kondensiert. Er ist an kalten Tagen als Dampfwolke am Auspuff sichtbar. Der Anteil im Abgas ist beim Dieselmotor betriebspunktabhängig und beträgt ca. 13 %.

2.1.2.2 Kohlendioxid

Der im Kraftstoff enthaltene, chemisch gebundene Kohlenstoff bildet bei der Verbrennung Kohlenstoffdioxid (CO_2, meist einfach als Kohlendioxid bezeichnet). Der Anteil im Abgas beträgt betriebspunktabhängig ca. 3 % bis 13 %. Kohlendioxid ist ein ungiftiges Gas (farb- und geruchlos) und als natürlicher Bestandteil der Luft in der Atmosphäre vorhanden. Es wird in Bezug auf die Abgasemissionen bei Kraftfahrzeugen nicht als Schadstoff eingestuft. Es ist jedoch ein Mitverursacher des Treibhauseffekts und der damit zusammenhängenden globalen Klimaveränderung. Der CO_2-Gehalt in der Atmosphäre ist seit der Industrialisierung etwa um 30 % auf heute ca. 400 ppm gestiegen. Maßnahmen zur Reduzierung der CO_2-Emissionen, auch durch Verringerung des Kraftstoffverbrauchs, werden deshalb immer bedeutender.

2.1.2.3 Stickstoff

Stickstoff als Hauptbestandteil der vom Motor angesaugten Luft (78 %) ist am chemischen Verbrennungsprozess nahezu unbeteiligt und stellt mit ca. 69 … 75 % den größten Anteil im Abgas dar.

2.1.2.4 Schadstoffe

Bei der Verbrennung des Luft-Kraftstoff-Gemischs entsteht eine Reihe von Nebenbestandteilen, deren Anteil im Rohabgas (Abgas nach der Verbrennung vor der Abgasnachbehandlung) bei betriebswarmem Motor ca. 0,03 % bis 0,2 % beträgt. Die wichtigsten Schadstoffe sind Kohlenmonoxid (CO), Stickoxide (NO_x), Kohlenwasserstoffe (HC) und Feststoffe. Bei Dieselmotoren sind aufgrund der Verbrennung mit Luftüberschuss die Rohemissionen an CO und HC sehr viel niedriger als bei Ottomotoren. Im Vordergrund stehen hier die NO_x- und Partikelemissionen. Durch motorische Maßnahmen und Systeme zur Abgasnachbehandlung können diese Schadstoffe weitgehend beseitigt werden.

2.1.2.5 Kohlenmonoxid

Kohlenmonoxid entsteht bei unvollständiger Verbrennung eines fetten Luft-Kraftstoff-Gemischs infolge Luftmangels. Aber auch bei Betrieb mit Luftüberschuss entsteht – in sehr geringem Maß – Kohlenmonoxid durch nicht verdampfte Kraftstofftröpfchen. Diese bilden lokal fette Bereiche im inhomogenen Luft-Kraftstoff-Gemisch. Kohlenmonoxid ist ein farb- und geruchloses Gas. Es verringert beim Menschen die Sauerstoffaufnahmefähigkeit des Bluts und führt daher zur Vergiftung des Körpers.

2.1.2.6 Stickoxide

Stickoxid ist der Sammelbegriff für Verbindungen aus Stickstoff und Sauerstoff. Sie bilden sich als Folge von Nebenreaktionen bei allen Verbrennungsvorgängen mit Luft. Beim Verbrennungsmotor entstehen hauptsächlich NO und NO_2 (Stickstoffmonoxid und Stickstoffdioxid). Abkürzend für die Summe von NO und NO_2 wird häufig die Bezeichnung NO_x (Stickoxide) verwendet. Stickstoffmonoxid (NO) ist farb- und geruchlos und wandelt sich in Luft langsam in Stickstoffdioxid (NO_2) um. NO_2 ist in reiner Form ein rotbraunes, stechend riechendes, giftiges Gas. Bei Konzentrationen, wie sie in stark verunreinigter Luft auftreten, kann NO_2 zur Schleimhautreizung führen. Die Stickoxide sind mitverantwortlich für Waldschäden (saurer Regen) durch Säurebildung (salpetrige Säure HNO_2, Salpetersäure HNO_3) und zusammen mit den Kohlenwasserstoffen für die Smog-Bildung.

Eine Voraussetzung für die Stickoxidentstehung sind hohe Spitzentemperaturen, wie sie lokal im Brennraum vorkommen, und lokaler Luftüberschuss [3]. Mit fallendem Sauerstoffgehalt, d. h. mit steigender Abgastemperatur, nimmt die NO_x-Konzentration kontinuierlich zu (Abb. 2.1). Unterhalb von $\lambda \approx 2$ steht bei weiter steigender Abgastemperatur lokal nicht mehr ausreichend freier Sauerstoff zur Verfügung. Der Gradient der NO_x-Konzentration als Funktion des Luftverhältnisses nimmt ab und es entsteht ein lokales Maximum.

Über den Prozessablauf kann beim Dieselmotor Einfluss auf die Höhe der NO_x-Emissionen genommen werden. Durch Kühlung von Ladeluft und rückgeführtem Abgas bzw. durch spätes Einspritzen und Verbrennung nach dem oberen Totpunkt kann die Verbrennungstemperatur begrenzt werden. Durch Abgasrückführung wird das Sauerstoffangebot gesenkt und die NO_x-Bildung direkt reduziert. Die niedrigere Sauerstoffkonzentration verringert die Brenngeschwindigkeit und begrenzt somit die lokalen Spitzentemperaturen, die infolge der höheren spezifischen Wärmekapazität der dreiatomigen Gase (CO_2 und H_2O) im rückgeführten Abgas weiter abgesenkt werden. Der Anteil von NO_2 an den gesamten NO_x-Emissionen beträgt beim Ottomotor 1–10 %, beim Dieselmotor 5–15 %, wobei im unteren Teillastbereich bei entsprechend niedrigen Abgastemperaturen auch höhere Konzentrationen festgestellt werden können [1]. Das Stickstoffmonoxid reagiert in der Atmosphäre bei Lichteinfall mit Ozon zu NO_2.

2.1.2.7 Partikel

Unter den Partikelemissionen eines Fahrzeugs wird üblicherweise die Gesamtmasse von Feststoffen und angelagerten flüchtigen oder löslichen Bestandteilen verstanden. Die Partikel entstehen bei unvollständiger Verbrennung und bestehen – abhängig von Verbrennungsverfahren und Motorbetriebszustand – hauptsächlich aus einer Aneinanderkettung von Kohlenstoffteilchen (Ruß) mit einer sehr großen spezifischen Oberfläche. An den Ruß lagern sich unverbrannte oder teilverbrannte Kohlenwasserstoffe, zusätzlich auch Aldehyde mit aufdringlichem Geruch an. Am Ruß binden sich auch Kraftstoff- und Schmierölaerosole (in Gasen feinstverteilte feste oder flüssige Stoffe) sowie Sulfate. Für die Sulfate ist der im Kraftstoff enthaltene Schwefel verantwortlich. Eine typische Partikelzusammensetzung zeigt Abb. 2.2. Sie kann je nach Fahrzeugbetrieb und -art (Pkw, Nfz) stark variieren. So wird ein Motor, betrieben bei hoher Last, einen größeren Anteil von elementarem Kohlenstoff aufweisen, während bei einem Motor im Teillastbetrieb der Anteil an Kohlenwasserstoffen den dargestellten Wert deutlich übersteigen kann.

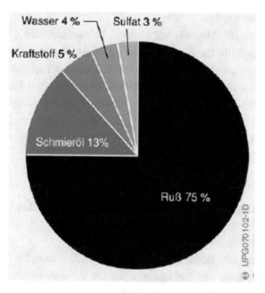

Abb. 2.2 Typische Partikelzusammensetzung mit serienmäßigem Oxidationskatalysator (nach [4])

2.1.2.8 Kohlenwasserstoffe

Unter Kohlenwasserstoffen (HC, Hydrocarbon) versteht man den Sammelbegriff aller chemischen Verbindungen von Kohlenstoff C und Wasserstoff H. Die HC-Emissionen sind auf eine unvollständige Verbrennung des Luft-Kraftstoff-Gemischs bei Sauerstoffmangel zurückzuführen (z. B. im unteren Teillastbereich mit großem Luftüberschuss). Kritisch ist der Kaltstart, bei dem keine vollständige Verdampfung des Kraftstoffs gewährleistet werden kann (dabei entsteht Blaurauch). Weiterhin ist der nach Einspritzende in den Düsenlöchern und im Sackloch der Einspritzdüse enthaltene Kraftstoff eine Quelle der HC-Emissionen. Dieser Kraftstoff verdampft während der Expansionsphase bei Temperaturen weit unterhalb der für eine Oxidation erforderlichen Grenze und wird unverbrannt in den Abgastrakt geschoben. Eine Minimierung des Sacklochvolumens hat diese Quelle der HC-Emissionen in den vergangenen Jahren deutlich reduziert. Bei der Verbrennung können, z. B. durch Aufbrechen von langen Molekülketten, aber auch neue Kohlenwasserstoffverbindungen entstehen. Die aliphatischen Kohlenwasserstoffe (Alkane, Alkene, Alkine sowie ihre zyklischen Abkömmlinge) sind nahezu geruchlos. Ringförmige aromatische Kohlenwasserstoffe (z. B. Benzol, Toluol, polyzyklische Kohlenwasserstoffe) sind geruchlich wahrnehmbar. Kohlenwasserstoffe gelten teilweise bei Dauereinwirkung als krebserregend. Teiloxidierte Kohlenwasserstoffe (z. B. Aldehyde, Ketone) riechen unangenehm und bilden unter Sonneneinwirkung Folgeprodukte, die bei Dauereinwirkung von bestimmten Konzentrationen ebenfalls als krebserregend gelten.

2.1.2.9 Schwefeldioxid

Schwefelverbindungen im Abgas – vorwiegend Schwefeldioxid (SO_2) – entstehen aufgrund des Schwefelgehalts im Kraftstoff. SO_2-Emissionen sind nur zu einem geringen Anteil auf den Straßenverkehr zurückzuführen und werden nicht durch die Abgasgesetzgebung begrenzt. Die Bildung von Schwefelverbindungen muss trotzdem weitestgehend verhindert werden, da sich SO_2 an den Katalysatoren (z. B. NO_x-Speicherkatalysator) festsetzt und damit deren Reaktionsfähigkeit mindert. SO_2 trägt wie auch NO_x zur Entstehung von saurem Regen bei, da es in der Atmosphäre zu schwefliger Säure (H_2SO_3) und Schwefelsäure (H_2SO_4) umgesetzt werden kann.

2.1.3 Einfluss von Drehzahl und Drehmoment auf die Rohemission

2.1.3.1 Drehzahl

Eine höhere Motordrehzahl bedeutet eine größere Reibleistung im Motor selbst und eine höhere Leistungsaufnahme der Nebenaggregate (z. B. Wasserpumpe), d. h., der Motorwirkungsgrad verschlechtert sich mit zunehmender Drehzahl. Wird eine bestimmte Leistung bei höherer Drehzahl abgegeben, bedeutet das einen höheren Kraftstoffverbrauch, als wenn die gleiche Leistung bei niedriger Drehzahl abgegeben wird. Damit ist auch ein höherer Schadstoffausstoß verbunden.

2.1.3.2 NO_x-Rohemission

Da die zur Bildung von NO_x zur Verfügung stehende Reaktionszeit bei höheren Drehzahlen kleiner ist, nehmen die NO_x-Emissionen mit steigender Drehzahl ab. Ein Restgasgehalt im Brennraum führt zu niedrigeren Spitzentemperaturen. Da dieser in der Regel mit steigender Drehzahl abnimmt, ist dieser Effekt zu der oben beschriebenen Abhängigkeit gegenläufig.

2.1.3.3 HC- und CO-Rohemission

Mit steigenden Drehzahlen nehmen die HC- und die CO-Emission zu, da die Zeit zur Aufbereitung und zur Verbrennung des Gemischs kürzer wird. Mit steigender Kolbengeschwindigkeit sinkt der Brennraumdruck in der Expansionsphase schneller ab, sodass die Verbrennungsbedingungen besonders bei niedrigen Lasten zum Brennende ungünstiger werden. Allerdings nehmen Ladungsbewegung und Turbulenzgrad mit der Drehzahl zu, was zu einer höheren Brenngeschwindigkeit führt. Dadurch wird die Brenndauer kürzer und die ungünstigen Randbedingungen werden zumindest teilweise kompensiert.

2.1.3.4 Rußemission

Die Rußbildung nimmt in der Regel mit steigender Drehzahl ab, da die Ladungsbewegung intensiviert und demzufolge eine bessere Gemischbildung erzielt wird.

2.1.3.5 Drehmoment

Mit steigendem Drehmoment erhöht sich das Temperaturniveau im Brennraum, sodass sich die Verbrennungsbedingungen verbessern. Die NO_x-Rohemission nimmt daher zu, während die Produkte unvollständiger Verbrennung wie die CO- und HC-Emissionen zunächst abnehmen. Bei Annäherung an die Volllast und demzufolge niedrigen Luftverhältnissen ($\lambda < 1{,}4$) steigen die Ruß- und CO-Emissionen aufgrund von Sauerstoffmangel wieder an (s. Abb. 2.1).

2.1.4 Innermotorische Maßnahmen zur Minderung der Rohemission

Durch das Abgasnachbehandlungssystem werden die Schadstoffe zum größten Teil konvertiert bzw. abgeschieden, sodass die vom Fahrzeug ausgestoßenen Emissionen weitaus geringer sind als die Rohemissionen. Um den Aufwand für die Abgasnachbehandlung in vertretbarem Rahmen zu halten, sind die Rohemissionen der Schadstoffe zu minimieren. Dabei bewegt man sich generell in einem Zielkonflikt zwischen minimalem Kraftstoffverbrauch und Emissionsminimierung. Nur wenige motorische Maßnahmen erlauben eine gleichzeitige Optimierung beider Zielgrößen. Weitere wichtige Parameter für die Motorabstimmung sind Komfort (Geräusch) und Motordynamik bzw. Ansprechverhalten. Eine besondere Herausforderung ist die Motorabstimmung im gesamten Kennfeld – für den gesamten Drehzahlbereich bei unterschiedlichen Lasten –, da sich die Wirkung einiger Maßnahmen auf bestimmte Bereiche des Kennfelds beschränkt und sich in anderen Bereichen sogar umkehren kann.

Tab. 2.1 gibt einen Überblick über die verschiedenen Verfahren zur Motoroptimierung und deren Einflüsse auf die Schadstoffemissionen, den Kraftstoffverbrauch und das Verbrennungsgeräusch.

Nahezu jede Maßnahme hat Auswirkungen auf die einzelnen Motorparameter. Während häufig Maßnahmen bei einigen Parametern eine vorteilhafte Beeinflussung zeigen (z. B. Emissionsreduktion), führen diese bei anderen hingegen zu Nachteilen (z. B. Ver-

Tab. 2.1 Maßnahmen zur Brennverfahrensoptimierung bei Dieselmotoren und deren Einfluss auf das Motorbetriebsverhalten

Maßnahme	NO_x	Ruß	HC, CO	Verbrauch	Geräusch
Einspritzbeginn	●	●	●	●	●
Einspritzdruck	●	●	●	●	●
Abgasrückführung (AGR)	●	●	●	●	●
Ladedruck	●	●	●	●	●
Ladelufttemperatur	●	●	●	●	●
Piloteinspritzung	●	●	●	●	●
Nacheinspritzung[1]	–	●	–	●	–
Verdichtungsverhältnis	●	●	●	●	●

● = Einfluss; – = kein Einfluss; [1] = angelagert

brauchsanstieg). Für die Motoroptimierung müssen daher meist mehrere Maßnahmen gleichzeitig angewandt bzw. angepasst werden, wodurch sich sehr komplexe, von den motorischen Randbedingungen abhängige Auswirkungen auf das Dieselbrennverfahren ergeben.

2.1.4.1 Einspritzbeginn

Der Spritzbeginn hat einen wesentlichen Einfluss auf den Beginn der Verbrennung und damit auf Emissionen, Kraftstoffverbrauch und Verbrennungsgeräusch (Abb. 2.3). Während die NO_x-Emissionen mit Verschiebung des Spritzbeginns nach „spät" monoton sinken, durchlaufen Ruß- und Geräuschemission ein ausgeprägtes Minimum. Die Kurve der Rußemission ist dabei motor- und betriebspunktspezifisch und kann generell auch anders verlaufen. Die bei spätem Spritzbeginn fortschreitende Expansion begrenzt den Druckanstieg und führt – aufgrund einer langsamer ablaufenden Verbrennung – zu niedrigeren Brennraumtemperaturen und damit zu verringerter NO_x-Bildung. Der gleichzeitige Anstieg der Rußemission verdeutlicht den erwähnten Zielkonflikt bei der Minimierung der Emissionsparameter. Ursache für die steigende Rußemission sind die mit fallender Gemischdichte abnehmende Gemischaufbereitungsqualität sowie die reduzierte Nachoxidation des Rußes aufgrund der niedrigeren Temperaturen im Brennraum. Im unteren Lastbereich kann ein später Spritzbeginn zu einer unvollständigen Verbrennung führen, da die Temperaturen im Brennraum bereits wieder fallen. Das verhindert zwar, dass überhaupt Partikel gebildet werden [5] und die Partikelemission sinkt, es resultiert aber ein deutlicher Anstieg der CO- und HC-Emissionen sowie des Verbrauchs. Der optimale spezifische Verbrauch (Abb. 2.3: −6,5 °KW vor OT) ist ein Kompromiss zwischen einer frühen, schnellen Verbrennung (hohe Drücke, Temperaturen und Wandwärmeverluste) und einer späten, langsameren Verbrennung (geringe Wandwärmeverluste, höhere Abgaswärmeverluste).

2.1.4.2 Einspritzdruck

Seit der Einführung von Dieselmotoren mit Direkteinspritzung erfolgte durch technische Weiterentwicklung eine kontinuierliche Erhöhung des Einspritzdrucks, der eine wichtige Einflussgröße auf die Schadstoffemissionen und das Verbrauchsverhalten eines Dieselmotors darstellt. Der Einfluss des Einspritzdrucks auf NO_x- und Rußemission (für den Ruß ist hier die Messgröße Schwarzrauch (SZ) angegeben) sowie den spezifischen Verbrauch zeigt Abb. 2.4. Bei konstantem Spritzbeginn nehmen die NO_x-Emissionen für steigende Einspritzdrücke signifikant zu. Die bei höheren Einspritzdrücken verbesserte Gemischaufbereitung führt zu einer schnelleren Verbrennung und damit höheren lokalen Spitzentemperaturen mit entsprechend hoher NO_x-Bildung. Der entscheidende Vorteil eines höheren Einspritzdrucks ist eine deutlich reduzierte Rußemission. Die bessere Zerstäubung verringert die Rußbildung, die höhere Gemischbildungsenergie fördert die Nachoxidation. Im aus Verbrauchsgründen interessanten Teil des Verstellbereichs (konstanter Spritzbeginn) kann damit dem Rußausstoß wirksam begegnet werden. Der spezifische Verbrauch steigt, unabhängig vom Einspritzdruck, mit Spätverschiebung des

Abb. 2.3 Einfluss des
Einspritzbeginns auf
NO$_x$-, Rußemissionen,
spezifischer Verbrauch
und Geräuschemissionen
(HD-Nutzfahrzeugmotor,
1300 min^{-1}, 50 % Last,
ohne Abgasrückführung)

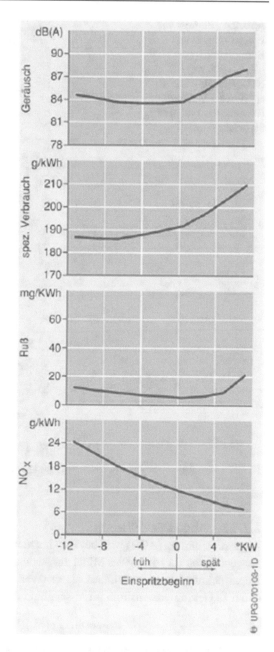

Spritzbeginns an. Entscheidend ist aber, dass für höhere Einspritzdrücke ein deutlich
späterer Spritzbeginn ohne Verbrauchsnachteil eingestellt werden kann. Die Gründe hierfür sind zum einen die kürzere Einspritzdauer – da die Einspritzrate mit dem Einspritzdruck ansteigt – und die bei höherem Einspritzdruck bessere Güte der Gemischaufbereitung.

Abb. 2.4 Einfluss von
Einspritzbeginn und
Einspritzdruck (a = 1100
bar; b = 500 bar) auf
NO$_x$-, Rußemissionen,
spezifischer Verbrauch
(Pkw-Motor, 1400 min^{-1},
50 % Last)

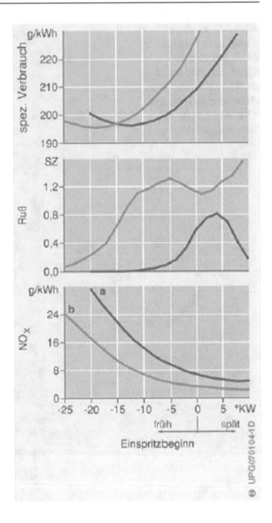

2.1.4.3 Abgasrückführung

Abgasrückführung (AGR) wird bei Pkw heute flächendeckend und bei Nfz in den meisten Anwendungen als wichtigstes Mittel zur Reduktion der NO$_x$-Rohemission eingesetzt. Die Abgasrückführrate x_{AGR}, definiert als das Verhältnis von rückgeführtem Abgasmassenstrom zu Gesamtmassenstrom im Ansaugtrakt des Motors

$$x_{AGR} = \dot{m}_{AGR} / \left(\dot{m}_{AGR} + \dot{m}_{Luft} \right),$$

beträgt bei modernen Brennverfahren bis zu 50 %. Sie wird über ein elektrisch oder pneumatisch angesteuertes Ventil geregelt. Die angesaugte Frischluftmasse des Motors wird dabei meistens über einen Luftmassensensor ermittelt. In Abb. 2.5 ist der Einfluss der Abgasrückführungsrate auf Schadstoffemission und Verbrauch dargestellt. Die NO$_x$-Emission nimmt mit steigender AGR-Rate kontinuierlich ab. Der höhere Inertgasanteil des Luft-Ab-

Abb. 2.5 Einfluss der
Abgasrückführung auf
Emissionen und
Kraftstoffverbrauch

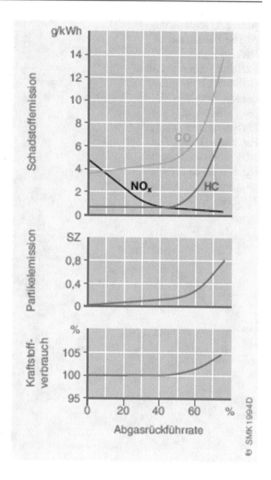

gas-Gemischs, die langsamere Verbrennung sowie die Vergrößerung der spezifischen Wärmekapazität durch den höheren Anteil von dreiatomigen Gasen in der Zylinderfüllung wirken sich alle reduzierend auf die NO_x-Bildung aus. Der reduzierte Sauerstoffgehalt im Brenngas führt hingegen zu einem Anstieg der Rußemission. Die gegenläufigen Hyperbeln sind ein charakteristisches Merkmal für einen Zielkonflikt bei der Motoroptimierung. Neben der Rußemission nehmen auch HC- und CO-Emission sowie der Kraftstoffverbrauch zu. Hintergrund ist die immer langsamer laufende Verbrennung und der vor allem lokal zunehmende Sauerstoffmangel, der die Produkte unvollständiger Verbrennung ansteigen lässt.

Die AGR-Verträglichkeit kann durch Steigerung des Einspritzdrucks angehoben werden (Abb. 2.6). Die gesteigerte Gemischbildungsenergie aus dem Einspritzstrahl ermöglicht eine stärkere Sauerstoffreduktion, ohne dass die Rußemission übermäßig ansteigt. Neben der Reduzierung von Ruß- und NO_x-Emission führt die Einspritzdruckerhöhung auch zu einem verbesserten Verbrauch. Das zeigt sehr gut die Komplexität der Schadstoffreduktion beim dieselmotorischen Verbrennungsprozess. Die Druckerhöhung wirkt sich

Abb. 2.6 Einfluss der Abgasrückführrate auf Rußemission, Kraftstoffverbrauch und Geräusch als Funktion der NO$_x$-Emission für unterschiedliche Einspritzdrücke (a = 1200 bar; b = 2100 bar). Die AGR-Rate steigt von 0 % (Kreise) auf ca. 30 % an. (HD Nutzfahrzeugmotor, 1300 min^{-1}, 50 % Last)

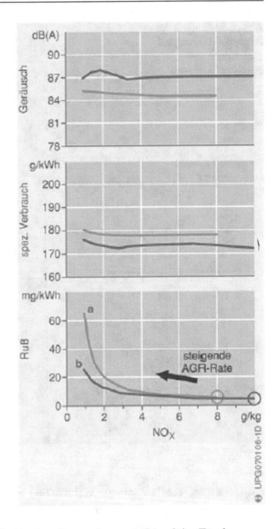

allerdings nachteilig auf das Verbrennungsgeräusch aus, da nun während des Zündverzugs eine größere Kraftstoffmasse eingespritzt wird, die bei Brennbeginn nahezu schlagartig verbrennt. Dieser Teil der Verbrennung bestimmt zu einem wesentlichen Anteil das Geräuschniveau.

2.1.4.4 Piloteinspritzung

Die sogenannte Pilot- oder Voreinspritzung (PI, Pilot Injection) hat sich bei direkteinspritzenden Dieselmotoren als wirkungsvolle Maßnahme zur Geräuschreduktion etabliert. Hierbei werden in kurzem zeitlichem Abstand vor der Haupteinspritzung kleine Mengen (Pkw ca. 1 mm^3 und Nfz ca. 3 mm^3 pro Einspritzung) Kraftstoff eingespritzt. Brennbeginn dieser kleinen Menge ist typischerweise kurz vor OT. Resultat ist eine Erhöhung von Temperatur und Druck im Brennraum zum Zeitpunkt der Haupteinspritzung (Abb. 2.7). Der

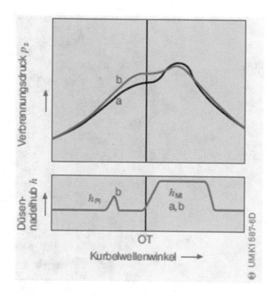

Abb. 2.7 Einfluss der Voreinspritzung auf den Verbrennungsdruckverlauf: a = ohne Vorein-spritzung; b = mit Voreinspritzung; h_{PI} = Nadelhub bei der Voreinspritzung; h_{MI} = Nadelhub bei der Haupteinspritzung

dadurch verkürzte Zündverzug der Haupteinspritzung führt zur Reduktion des Ver-brennungsgeräuschs.

Der Einfluss der Voreinspritzmenge auf Partikelemission, Verbrauch und Geräusch ist in Abb. 2.8 in Abhängigkeit von der Abgasrückführrate als Funktion der NO_x-Emission dargestellt. Durch eine kleine Piloteinspritzmenge kann das Geräusch deutlich verringert werden. Bei zu großer Voreinspritzmenge ist wieder ein Anstieg des Geräuschs zu ver-zeichnen, da das Verbrennungsgeräusch jetzt durch die Verbrennung der Voreinspritz-menge selbst bestimmt wird. Die mit steigender AGR-Rate einhergehende Verminderung des Sauerstoffgehalts in der Verbrennungsluft führt zu einer langsameren Verbrennung und damit unabhängig von der Pilotmenge zu einer Geräuschreduktion. Mit Vorein-spritzung wird allerdings die AGR-Verträglichkeit reduziert. Dieser nachteilige Effekt ist umso größer, je größer die Pilotmenge ist. Eine präzise Einspritzung kleinster Mengen ist daher für eine kombinierte Optimierung von Geräusch und Ruß bzw. Partikeln un-abdingbar.

Moderne Brennverfahren setzen zur weiteren Optimierung eine zweite Piloteinsprit-zung oder eine kurz nach der Haupteinspritzung positionierte Nacheinspritzung oder beides ein. Während die zweite Piloteinspritzung zusätzlich zur Optimierung des Ge-räuschs eingesetzt wird, reduziert die angelagerte Nacheinspritzung die Rußemission.

2.1.4.5 Angelagerte Nacheinspritzung

Bei der angelagerten Nacheinspritzung wird die Haupteinspritzung um etwa 5–10 % der gesamten Einspritzmenge reduziert und diese Menge dann durch die Nacheinspritzung

Abb. 2.8 Einfluss der
Voreinspritzung auf
Partikelemission,
Verbrauch und Geräusch
als Funktion der
NO$_x$-Emission bei
Variation der AGR-Rate
(Pkw-Motor, Teillast).
Voreinspritzmenge:
a = ohne Voreinspritzung;
b = 0,5 mg; c = 1,5 mg

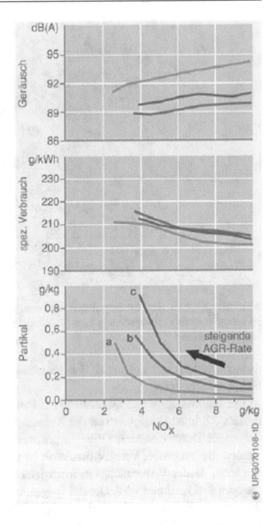

drehmomentwirksam in den Brennraum eingespritzt. Die Nacheinspritzung sollte dabei möglichst kurz nach der Haupteinspritzung erfolgen, damit sich die Gesamtbrenndauer nur geringfügig verlängert und der dadurch entstehende Kraftstoffverbrauchsnachteil klein bleibt. Im Idealfall kann die Brenndauer trotz einer Aufteilung der Einspritzmenge in zwei Teilmengen sogar konstant gehalten werden. Dies ist insbesondere vom minimal applizierbaren Spritzabstand zwischen Haupt- und Nacheinspritzung und somit vom jeweiligen Einspritzsystem abhängig. Der Impuls der Nacheinspritzung erhöht die Turbulenz im Brennraum. Dadurch werden die Gemischbildung, die Brenngeschwindigkeit und folglich auch die Rußoxidation gefördert. Gleichzeitig wird die Temperatur zum Brennende hin gesteigert, was sich ebenfalls positiv auf die Rußoxidation auswirkt. Die Wirksamkeit einer angelagerten Nacheinspritzung hängt stark vom Brennverfahren und dem betrachteten Kennfeldbereich ab. Besonders wirksam ist sie bei langen Spritzdauern, also an der Volllast.

2.1.4.6   Aufladung, Ladeluft- und Abgaskühlung

Aufladung führt zu einer Erhöhung der Zylinderfüllung. Damit steht mehr Sauerstoff für die Verbrennung zur Verfügung, die AGR-Verträglichkeit steigt und NO_x- und Rußemissionen können weiter abgesenkt werden. Das erhöhte Luftverhältnis führt zu einem verbesserten thermischen Wirkungsgrad und damit zu einem geringeren Verbrauch. Sowohl die Verdichtung der Ladeluft im Turbolader als auch die Rückführung von heißem Abgas bewirken eine Steigerung der Gastemperatur am Zylindereinlass, was sich nachteilig auf die Zylinderfüllung auswirkt. Um die Temperatur der in die Zylinder einströmenden Luft zu senken, werden Ladeluft- und AGR-Kühler eingesetzt. In zahlreichen Anwendungen kann die Kühlleistung geregelt werden, um vor allem bei Kaltstart einen Anstieg der HC- und CO-Emissionen durch zu niedrige Brennraumtemperaturen bei Betrieb im unteren Teillastbereich zu vermeiden. Negative Auswirkungen hat die Ladeluftkühlung auf das Verbrennungsgeräusch. Die niedrigere Temperatur zu Beginn der Einspritzung verlängert, trotz höherer Ladungsdichte, den Zündverzug. Die in dieser Phase eingespritzte Kraftstoffmasse steigt und verursacht dann bei einsetzender Verbrennung einen höheren Geräuschpegel. Der Effekt kann durch eine geeignete Voreinspritzung kompensiert werden.

In Abb. 2.9 sind die Rußemission, der Verbrauch und das Verbrennungsgeräusch als Funktion der NO_x-Emission bei Variation der AGR-Rate für unterschiedliche Ladedrücke bei konstanter Ladelufttemperatur dargestellt. Die Erhöhung des Ladedrucks führt zur Erhöhung der Zylinderfüllung und des thermischen Wirkungsgrads sowie gesenktem Kraftstoffverbrauch. Die AGR-Verträglichkeit wird dadurch ebenfalls verbessert, resultierend in niedrigerer NO_x-Emission bei vergleichbaren Rußwerten. Die weitere Anhebung der Ladungsdichte verkürzt den Zündverzug und bewirkt dadurch, im Gegensatz zur Ladeluftkühlung, dass das Verbrennungsgeräusch sinkt.

2.1.5   Kurbelgehäuse-Entlüftungsgase

Kurbelgehäuse-Entlüftungsgase (Blow-by-Gase) entstehen beim Betrieb eines Verbrennungsmotors. Sie strömen durch konstruktiv bedingte Spalte (Zylinderwand-Kolbenringe, Ventildichtungen) in das Kurbelgehäuse. Das Volumen dieser Gase kann selbst bei guter Abdichtung 0,5–2 % des Gesamtgasvolumens und bis zu 50 % der Kohlenwasserstoffemission des Fahrzeugs ausmachen. Neben Abgasen, Wasser(dampf), Ruß und nicht verbranntem Kraftstoff enthält dieses Gas auch Motoröl in Form kleinster Tröpfchen (Abb. 2.10). Insbesondere bei aufgeladenen Dieselmotoren und direkteinspritzenden Ottomotoren können die Motorölanteile mit dem im Blow-by enthaltenen Ruß zu Ablagerungen auf Turboladern, im Ladeluftkühler, an Ventilen und im nachgeschalteten Rußfilter (Ascheablagerungen aus anorganischen Additivbestandteilen des Motoröls) und damit zu Funktionsbeeinträchtigungen führen. Um die Freisetzung der umweltschädlichen Blow-by-Gase zu verhindern, wird der belastete Gasstrom über ein Entlüftungssystem (Abb. 2.11) mit zusätzlichen Komponenten (z. B. Ölabscheider, Druckregeleinrichtungen, Rückschlagventile) zurück zum Ansaugtrakt gebracht und im Motor verbrannt. Das abgeschiedene Öl wird zurückgeführt, um den Ölverbrauch zu minimieren.

Abb. 2.9 Einfluss des
Ladedrucks auf
Rußemission,
Kraftstoffverbrauch und
Geräusch als Funktion
der NO_x-Emission bei
Variation der AGR-Rate
(HD-Nutzfahrzeugmotor,
1300 min^{-1}, 50 % Last).
Ladedruck: a = 1900 kPa;
b = 2800 kPa

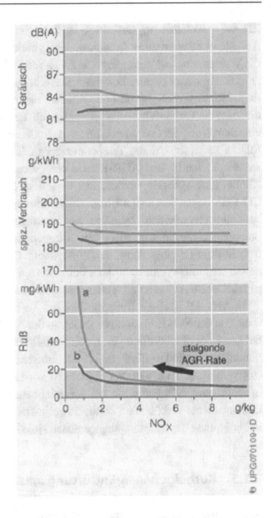

Abb. 2.10 Tropfen-
spektrum des gas-
getragenen Ölanteils im
Blow-by-Gas. Aero-
dynamischer Durch-
messer, ermittelt an
verschiedenen Motoren

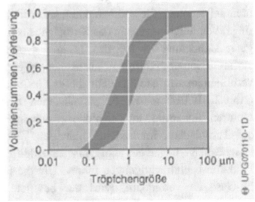

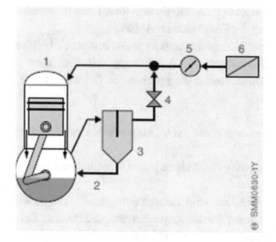

Abb. 2.11 Geschlossenes Kurbelgehäuse-Entlüftungssystem: 1 = Motor, 2 = Ölrücklauf; 3 = Ölabscheider; 4 = Unterdruckbegrenzungsventil; 5 = Drosselklappe, 6 = Ansaugfilter

2.2   Abgasnachbehandlungssysteme

Erste Stufen der Emissionsgesetzgebung konnten durch rein motorische Maßnahmen eingehalten werden. Trotz erheblicher Verbesserungen der Brennverfahren und somit niedrigere Rohemissionen machten die fortschreitenden Emissionsanforderungen nachmotorische Verfahren zur Emissionsminderung (Abgasnachbehandlung) notwendig. Unter dem Begriff Abgasnachbehandlung werden die Komponenten zusammengefasst, die sich im Abgastrakt befinden und deren primäre Funktion es ist, die motorischen Emissionen zu reduzieren. Zu ihnen gehören alle Katalysatoren, Sensoren, Partikelfilter sowie weitere Komponenten und Systeme zur Einbringung von Hilfsstoffen zur Abgasnachbehandlung in das Abgassystem. Abgasnachbehandlungssysteme verringern überwiegend durch katalytische Prozesse die Konzentration der schädlichen Abgasbestandteile im Abgasmassenstrom. Beim Partikelfilter kommt zusätzlich eine physikalische Abscheidung hinzu.

2.2.1   Pkw und leichte Nutzfahrzeuge

Die aktive Abgasnachbehandlung bei Pkw und leichten Nutzfahrzeugen mit dieselmotorischem Antrieb begann mit der breiten Nutzung (Abgasgesetzgebungsstufe Euro 2) des Oxidationskatalysators (DOC). Neben der Reduzierung von HC und CO stand insbesondere die Reduzierung des flüchtigen Anteils der Rußpartikel und somit die Reduzierung der Partikelmasse im Vordergrund. Dieselpartikelfilter (DPF) werden neben dem DOC in Europa seit dem Jahr 2000 eingesetzt. Mit Einführung eines Partikelanzahlgrenzwertes (Euro 5), zusätzlich zum bis dahin gültigen Partikelmassengrenzwert, wurde für alle Dieselfahrzeuge ein DPF zwingend erforderlich. Die weitere Absenkung des Grenzwerts für Stickoxide (Euro 6) brachte mit dem NO_x-Speicherkatalysator (NSC) und mit der Technologie der Selektiven Katalytischen Reduktion (SCR) eine zusätzliche Komponente zur Reduzierung der Stickoxide im Abgas.

Die Erweiterung der Testrandbedingungen zur besseren Abbildung der Emissionen im Realbetrieb und weitere Grenzwertabsenkungen erfordern neue Systemkombinationen und -architekturen. Dabei stehen die spezifischen Schwachpunkte der Entstickungsverfahren im Fokus:

- beim NSC: Verbesserung des NO_x-Umsatzes bei hohen Motorlasten bzw. Abgastemperaturen,
- beim SCR: Verbesserung des Kaltstart- und Warmlaufverhaltens.

In Abb. 2.12 sind beispielhaft zwei Konzepte dargestellt, mit denen die Reduzierung der Stickoxide im Abgas unter Realbedingungen abgedeckt wird. Bei Konzept 1 deckt der motornahe NSC Kaltstart und Warmlaufphase ab und überbrückt damit den Zeitraum, bis der SCR-Katalysator seine Betriebstemperatur (ca. 180 °C) erreicht hat. Obwohl der NSC anschließend nur noch als reiner Oxidationskatalysator wirkt, muss er weiterhin regelmäßig regeneriert werden, um für den nächsten Kaltstart einsatzbereit (also speicherbereit) zu sein. Ein verbessertes Kaltstart- und Warmlaufverhalten wird bei Konzept 2 durch eine ergänzende SCR-Funktion in motornaher Position erzielt. Dazu erhält der Partikelfilter eine zusätzliche SCR-Beschichtung (SCR@ DPF, „SCR-auf-DPF"). Um eine Oxidation des zur NO_x-Reduktion notwendigen Ammoniaks zu vermeiden, darf der DPF allerdings kein Edelmetall enthalten. Zudem wird bei der SCR-Reaktion vorzugsweise das vom DOC generierte NO_2 verbraucht. Beides führt dazu, dass die passive DPF-Regeneration spürbar reduziert wird, d. h., der gespeicherte Ruß muss zwingend thermisch und häufiger abgebrannt werden als in einem reinen DPF-System. Durch geeignete Regenerationsführung muss dafür gesorgt werden, dass der Rußabbrand kontrolliert und ohne hohe Spitzentemperatur abläuft, um so eine Schädigung der thermisch empfindlichen SCR-Beschichtung auszuschließen.

Durch die Vielzahl von Einzelkomponenten und Sensoren weisen beide Konzepte einen hohen Komplexitätsgrad auf und sind damit hinsichtlich Applikation, Betriebsstrategie und Überwachung (OBD) entsprechend anspruchsvoll.

2.2.2 Schwere Nutzfahrzeuge

Schwere Nutzfahrzeuge sind Investitionsgüter, bei denen Unterhaltskosten und Langlebigkeit eine dominierende Rolle spielen. Dem wird durch eine möglichst kraftstoffverbrauchsoptimierte Brennverfahrensabstimmung Rechnung getragen. Um Bauaufwand und Systemkomplexität gering zu halten, wird auf Abgasrückführung verzichtet bzw. diese minimiert. Dies führt zu einer Rohemissionsstrategie mit vergleichsweise hoher NO_x-Emission. Aus diesem Grund war der erste Baustein zur aktiven Abgasnachbehandlung bei schweren Nutzfahrzeugen die Einführung des SCR-Systems (ab Euro IV). Anfangs ohne Oxidationskatalysator, der sich erst im Zuge steigender Anforderungen an die Reduktionsrate und somit an ein ausgewogenes NO_2-Verhältnis etablieren konnte.

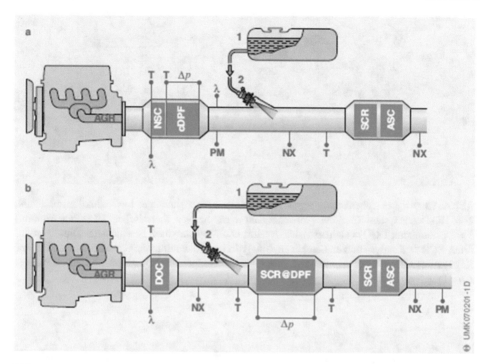

Abb. 2.12 Abgasnachbehandlungssysteme für Pkw und leichte Nutzfahrzeuge: **a** Konzept 1,
b Konzept 2. 1 = Reduktionsmitteltank; 2 = Dosiermodul; DOC = Oxidationskatalysator,
NSC = NO_x-Speicherkatalysator; cDPF = katalytisch beschichteter Dieselpartikelfilter; SCR = Katalysator zur Selektiven Katalytischen Reduktion; ASC = Ammoniak-Schlupf-Katalysator; SCR@
DPF = Dieselpartikelfilter mit SCR-Beschichtung; AGR = Abgasrückführung. Sensoren: T = Temperatur; λ = Sauerstoffkonzentration; NX = Stickoxid; PM = Partikel; Δp = Differenzdruck

Flächendeckend werden geschlossene Partikelfilter seit Emissionsstufe Euro VI eingesetzt. Der DPF wird, wie in Abb. 2.13 dargestellt, zwischen DOC und SCR angeordnet.
Dies hat den Vorteil, dass (bis auf wenige Ausnahmefälle) auf eine aktive, thermische
DPF-Regeneration verzichtet werden kann. Die DPF-Regeneration erfolgt dann ausschließlich passiv und somit kraftstoffverbrauchsneutral. Die Positionierung des SCR-Katalysators hinter dem DPF – also an kälterer Stelle – ist in den meisten Fällen nicht störend, da Kaltstart und Warmlaufphase bei dieser Fahrzeugklasse nur eine untergeordnete
Rolle spielen, sodass die Emissionsgrenzwerte auch unter realen Fahrbedingungen mit
anspruchsvollen Betriebsprofilen eingehalten werden [6].

2.2.3 Mobile Arbeitsmaschinen

Für mobile Arbeitsmaschinen finden – mit Ausnahme des Leistungssegments < 56 kW –
mit Einführung der Abgasgesetzgebung „Stage V" (Januar 2018 für neue Typen) die gleichen Abgasnachbehandlungssysteme Verwendung wie für schwere Nutzfahrzeuge
(Abb. 2.14). Aus Bauraumgründen wird jedoch für Baumaschinen und Traktoren – anders

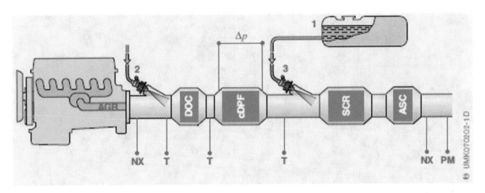

Abb. 2.13 Abgasnachbehandlungssystem für schwere Nutzfahrzeuge: 1 = Reduktionsmitteltank; 2 = HC-Dosiersystem (nur bei Notwendigkeit einer aktiven thermischen DPF-Regeneration); 3 = Dosiermodul; DOC = Oxidationskatalysator; cDPF = katalytisch beschichteter Dieselpartikelfilter; SCR = Katalysator zur Selektiven Katalytischen Reduktion; ASC = Ammoniak-Schlupf-Katalysator; AGR = Abgasrückführung. Sensoren: T = Temperatur; NX = Stickoxid; PM = Partikel; Δp = Differenzdruck

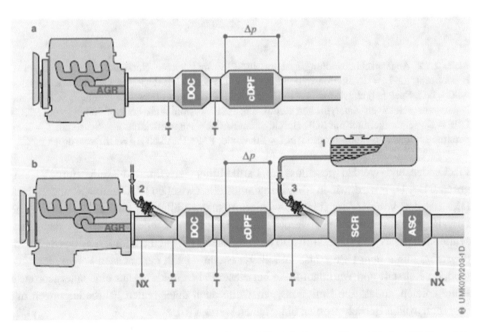

Abb. 2.14 Abgasnachbehandlungssysteme für mobile Arbeitsmaschinen (Basis: EU Stage V): **a** Leistungsbereich 19 … 56 kW, **b** Leistungsbereich 56 … 560 kW. 1 = Reduktionsmitteltank; 2 = HC-Dosiersystem (nur bei Notwendigkeit einer aktiven thermischen DPF-Regeneration); 3 = Dosiermodul; DOC = Oxidationskatalysator; cDPF = katalytisch beschichteter Dieselpartikelfilter; SCR = Katalysator zur Selektiven Katalytischen Reduktion; ASC = Ammoniak-Schlupf-Katalysator; AGR = Abgasrückführung. Sensoren: T = Temperatur; NX = Stickoxid; PM = Partikel; Δp = Differenzdruck

als bei schweren Nutzfahrzeugen – der Einsatz von „SCR-auf-DPF", also ähnlich wie bei Pkw und leichten Nutzfahrzeugen, in Erwägung gezogen.

2.3 Komponenten der Abgasnachbehandlung für Dieselmotoren

2.3.1 Dosiersysteme für wässrige Harnstofflösung

2.3.1.1 Anforderungen

Das Dosiersystem führt dem Abgas die exakt benötigte Menge Reduktionsmittel zum richtigen Zeitpunkt zu. Je nach Anwendung (Pkw oder Nfz) sind Dosiermengen von bis zu 15 kg/h erforderlich. Eine gute Umsatzrate erfordert die gleichmäßige Ammoniakbeladung über den gesamten Querschnitt des SCR-Katalysators. Dazu muss das Reduktionsmittel in geeigneter Weise dem Abgasstrom zugeführt werden. Vorteilhaft sind sehr kleine Tröpfchen, die in Form einer gleich verteilten Wolke mit einer ausreichenden Eindringtiefe das Abgas durchsetzen.

Die wässrige Harnstofflösung (Markenname AdBlue) friert unterhalb von -11 °C ein. Damit das Dosiersystem auch bei niedriger Außentemperatur funktioniert, ist eine Heizung erforderlich. Diese taut das Reduktionsmittel auf bzw. sorgt dafür, dass es gar nicht erst einfriert. Heizelemente an verschiedenen Stellen im Dosiersystem sorgen dafür, dass es möglichst schnell nach Motorstart einsatzbereit ist. Die maximale Verzögerung der Dosierbereitschaft nach Motorstart ist in den meisten Verkaufsmärkten gesetzlich vorgeschrieben.

Die gefrorene Harnstofflösung nimmt wegen des hohen Wasseranteils im Vergleich zum flüssigen Aggregatzustand mehr Volumen ein. Der dadurch entstehende Eisdruck belastet die AdBlue führenden Komponenten mechanisch. Das Dosiersystem muss deshalb entweder mechanisch so ausgelegt sein, dass es dieser Belastung Stand hält, oder die Harnstofflösung muss bei Nichtbetrieb entnommen, also in den Tank zurückgesaugt werden.

In einer Nebenreaktion können bei hoher Abgastemperatur unerwünschte chemische Verbindungen und damit Ablagerungen im Dosiersystem entstehen. Diese Ablagerungen können Ventile blockieren, Düsenlöcher im Dosiermodul verstopfen und dadurch das System außer Betrieb setzen. Durch konstruktive Maßnahmen, zum Beispiel durch Komponentenkühlung, kann die Bildung von Ablagerungen weitestgehend vermieden werden.

Neben der Bildung von Ablagerungen steigt durch Erhitzen des Reduktionsmittels auch seine Korrosivität. Dies stellt weitere Anforderungen an die Auswahl des verwendeten Materials bzw. an die Konstruktion bzgl. Wärmeabfuhr.

Weitere Anforderungen an das Dosiersystem ergeben sich aus der hohen Abgastemperatur, der insbesondere das Dosiermodul ausgesetzt ist. Direkt auf der Abgasanlage oder, je nach Systemvariante, auch sehr nah am Verbrennungsmotor montiert, wird es durch das heiße Abgas sehr stark erwärmt. Der große Temperaturbereich zwischen Minusgraden bei Kaltstart und der hohen Abgastemperatur bei Volllast, in dem das Dosiermodul funktionieren muss, stellt besondere Anforderungen an die Konstruktion der Komponente bezüglich Ausdehnung und Temperaturbeständigkeit der Materialien.

2.3.1.2 Komponenten und Basisfunktionen

Das Dosiersystem besteht im Wesentlichen aus folgenden Komponenten:

- **Fördermodul**, das das Reduktionsmittel vom Tank zum Dosiermodul pumpt bzw. in die Gegenrichtung zurücksaugt. Neben den hierfür benötigten Pumpen enthält es je nach Variante auch Sensoren, Heizelemente und Filter;
- **Dosiermodul** zum Zumessen und Einbringen des Reduktionsmittels in den Abgasstrom;
- **Tank** zur Bevorratung des Reduktionsmittels;
- **Sensoren** und **Steuergerät**, das die Dosiermenge in Abhängigkeit von Sensorwerten berechnet.

Dosiersysteme sind meist aus den oben genannten Komponenten modular aufgebaut. Unterschiedliche Randbedingungen bei Nutzfahrzeugen und Personenkraftwagen, wie zum Beispiel die Verfügbarkeit von Druckluft und die Dosiermenge, erfordern unterschiedliche Varianten von Dosiersystemen.

2.3.1.3 Dosiersysteme für Nutzfahrzeuge

Luftunterstützte Systeme

Da Nutzfahrzeuge oft über ein bordeigenes Druckluftsystem verfügen, werden in diesem Fahrzeugsegment oft luftunterstützte Systeme eingesetzt, siehe Abb. 2.15. Das Reduktionsmittel wird vom Fördermodul zum Dosiermodul gepumpt und hierbei über einen Drucksensor und die Drehzahl des Pumpenmotors auf einen vorgegebenen konstanten Systemdruck geregelt. Im Dosiermodul wird das Reduktionsmittel von einem getaktet angesteuerten Magnetventil der fahrzeugseitig bereitgestellten Druckluft zugemessen. Der Druck und das Volumen der Luft werden über Magnetventile auf vorgegebene Sollwerte geregelt.

Über ein abgewinkeltes Sprührohr mit mehreren radial angeordneten Öffnungen wird das Aerosol direkt in der Mitte des Abgasrohres dem Abgas zugeführt. Der Trägerluftstrom passiert diese Öffnungen mit hoher Geschwindigkeit, wodurch die mittransportierte Harnstoff-Wasser-Lösung zu kleinen, schnell verdampfenden Tropfen zerstäubt wird. Damit wird eine sehr gute Gemischaufbereitung und gleichmäßige Gemischverteilung im Abgasrohr erreicht.

Beim luftunterstützten System kann auf zusätzliche Kühlmaßnahmen verzichtet werden, da das Dosiermodul mit seinem elektrisch angesteuerten Magnetventil nicht unmittelbar am heißen Abgasrohr positioniert ist. Schädigung der Komponenten durch Eisdruck wird dadurch vermieden, dass der Hydraulikpfad vom Dosierventil bis zum Fördermodul bei geöffnetem Dosierventil und nicht arbeitender Förderpumpe durch die Druckluft in Richtung Tank belüftet wird. Belüftete Komponenten sind grundsätzlich eisdruckfest.

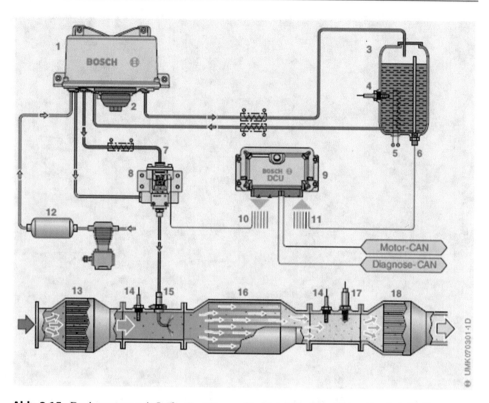

Abb. 2.15 Dosiersystem mit Luftunterstützung für Nutzfahrzeuge (Denoxtronic 1, Robert Bosch GmbH): 1 = Fördermodul; 2 = Filter, 3 = AdBlue-Tank; 4 = Temperatursensor; 5 = Heizung; 6 = Füllstandsensor; 7 = beheizte AdBlue-Dosierleitung; 8 = Dosiermodul; 9 = Steuergerät; 10 = Aktoren; 11 = Sensoren; 12 = Druckluftspeicher; 13 = Oxidationskatalysator; 14 = Temperatursensor; 15 = Sprührohr; 16 = SCR-Katalysator; 17 = NO$_x$-Sensor; 18 = NH$_3$-Sperrkatalysator

2.3.1.4 Dosiersysteme ohne Luftunterstützung

Da nicht alle Nutzfahrzeuge über Druckluft verfügen, wurden für dieses Fahrzeugsegment sogenannte „luftlose" Dosiersysteme entwickelt. Mittlerweile werden diese auch in Nutzfahrzeugen mit Druckluft eingesetzt (Abb. 2.16).

Wie beim luftgestützten System setzt das Fördermodul das Reduktionsmittel unter einen vorgegebenen Druck und leitet es über eine Leitung zum Dosiermodul weiter. Da bei der „luftlosen" Ausführung kein Trägerluftstrom vorhanden ist, muss das Dosiermodul unmittelbar am Abgasrohr angebaut sein, um eine optimale Zumischung des Reduktionsmittels in das Abgas zu erreichen. Das Dosiermodul ist wegen der Nähe zum heißen Abgasstrom sehr hoher Temperaturbelastung ausgesetzt. In der in Abb. 2.16 dargestellten Variante wird das Reduktionsmittel selbst zur Kühlung verwendet. Der nicht in den Abgastrakt abgegebene Teil des Reduktionsmittels fließt zum Fördermodul zurück und führt dabei Wärme vom Dosiermodul ab.

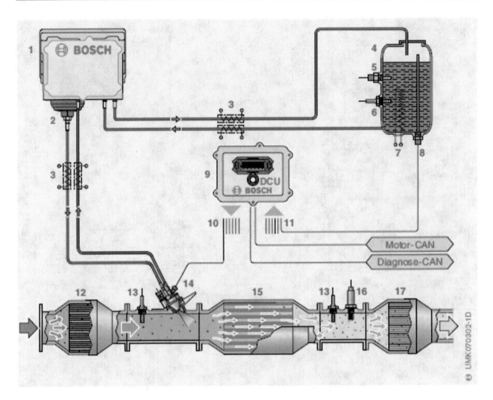

Abb. 2.16 Dosiersystem ohne Druckluftunterstützung für Nutzfahrzeuge (Denoxtronic 2.1, Robert Bosch GmbH): 1 = Fördermodul; 2 = Filter; 3 = beheizte Leitungen; 4 = AdBlue-Tank; 5 = AdBlue-Qualitätssensor; 6 = Temperatursensor; 7 = Heizung; 8 = Füllstandsensor; 9 = Steuergerät; 10 = Aktoren; 11 = Sensoren; 12 = Oxidationskatalysator; 13 = Temperatursensor; 14 = Dosiermodul; 15 = SCR-Katalysator; 16 = NO_x-Sensor; 17 = NH_3-Sperrkatalysator

Um bei niedriger Außentemperatur Schäden durch Eisdruck vorzubeugen, wird bei jedem Abstellen des Verbrennungsmotors in einer kurzen Nachlaufphase die Förderrichtung der Pumpe geändert. Bei geschlossenem Dosierventil wird über die zuvor beschriebene Rücklaufleitung aus dem Tank Luft angesaugt. Das Reduktionsmittel in Dosiermodul und Leitung fließt über das Fördermodul in den Tank zurück.

Abb. 2.17 zeigt eine andere Variante zur Kühlung des Dosiermoduls: Es ist hier unmittelbar an den Motorkühlwasserkreislauf angeschlossen. Die zusätzliche Rücklaufleitung für das Reduktionsmittel entfällt.

Alle bislang beschriebenen Dosiersysteme verwenden zu Förderung und Druckaufbau eine Membranpumpe, die von einem Elektromotor angetrieben wird. Für kleine Dosiermengen müsste der Elektromotor bei sehr kleinen Drehzahlen arbeiten oder gar zeitweise stillstehen. Die Streuung der Drehzahl infolge der dadurch entstehenden hohen Haftreibung verringert allerdings die Zumessgenauigkeit. Der Elektromotor muss deshalb mit

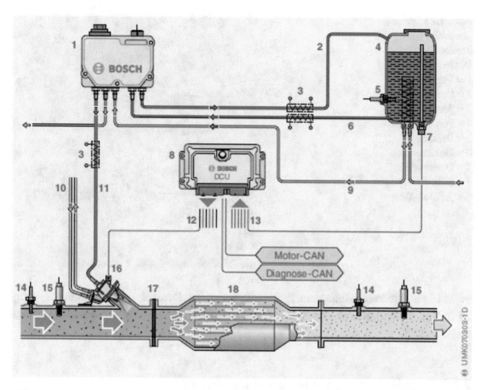

Abb. 2.17 Dosiersystem mit wassergekühltem Dosiermodul für Nutzfahrzeuge (Denoxtronic 2.2, Robert Bosch GmbH): 1 = Fördermodul mit integriertem Filter; 2 = Rücklaufleitung; 3 = beheizte Leitungen; 4 = AdBlue-Tank; 5 = Temperatursensor; 6 = Ansaugleitung; 7 = Füllstandsensor; 8 = Steuergerät; 9 = Kühlwasserleitung zur Beheizung von Tank und Fördermodul; 10 = Kühlwasserleitung zur Kühlung des Dosiermoduls; 11 = Druckleitung; 12 = Aktoren; 13 = Sensoren; 14 = Temperatursensor; 15 = NO_x-Sensor; 16 = Dosiermodul; 17 = Mischer; 18 = SCR-Katalysator

einer Mindestdrehzahl betrieben werden. Die von ihm angetriebene Pumpe fördert so permanent Reduktionsmittel über eine Konstantdrossel zurück in den Tank, was eine Druckregelung notwendig macht.

2.3.1.5 Druckgeregeltes Dosiersystem

Das Dosierventil (Magnetventil, Abb. 2.18, Pos. 7) im Dosiermodul wird pulsbreitenmoduliert angesteuert. Ein Drucksensor erfasst den Druck im hydraulischen System und gibt diesen an das Steuergerät weiter. Dort wird die Abweichung vom Solldruck berechnet und der Druck durch Änderung der Pumpenfrequenz korrigiert.

Um Haftreibungseffekte zu minimieren und somit sehr kleine Dosiermengen realisieren zu können, arbeitet die Pumpe permanent gegen eine Drossel, über die das Reduktionsmittel über eine Rücklaufleitung zurück zum Tank geführt wird. Das Fördermodul ist

Abb. 2.18 Prinzip-
Schaltbild eines
druckgeregelten
Dosiersystems:
1 = Steuergerät;
2 = Sensoren;
3 = Aktoren;
4 = Förderpumpe;
5 = Drossel;
6 = Drucksensor;
7 = Dosierventil;
8 = SCR-Katalysator;
9 = AdBlue-Tank

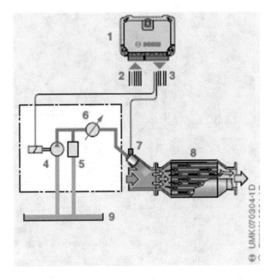

meist in unmittelbarer Nähe vom Tank positioniert, um Drosselverluste möglichst gering zu halten. In Nutzfahrzeugen werden ausschließlich solche druckgeregelten Systeme eingesetzt.

2.3.2 Dosiersysteme für leichte Nutzfahrzeuge und Personenkraftwagen

2.3.2.1 Volumetrisch förderndes Dosiersystem

In Pkw und leichten Nfz werden auch volumetrisch fördernde Dosiersysteme eingesetzt. In diesen fördert eine Membranpumpe (Abb. 2.19, Pos. 5) eine definierte Menge von Reduktionsmittel aus dem Tank per Saugleitung (9) über die Druckleitung (6) zum Dosierventil (7). Ein periodisch angesteuerter Elektromagnet (4) bewegt gegen eine Feder die Membrane, die den Pumpenraum über ein Ventil mit Medium füllt. Sobald die Ansteuerphase des Elektromagnets endet, drückt die Feder die Membrane zurück in ihren Sitz, wodurch der Pumpenraum über ein weiteres Ventil zur Druckleitung hin entleert wird. Im Dosiermodul am anderen Ende der Druckleitung öffnet das angesteuerte Dosierventil und bringt so die zu dosierende Menge in den Abgastrakt ein.

Die Pumpe sorgt somit nicht wie beim druckgeregelten System für konstanten Druck des Reduktionsmittels, sondern stellt das benötigte Volumen an Reduktionsmittel zur Verfügung (volumetrisches Fördern). Ein separater Rücklauf über Konstantdrossel ist in diesem System nicht erforderlich. Bei volumetrischer Förderung kann der Systemdruck aus dem Stromverlauf des Förderpumpenmagnets abgeleitet werden. Ein separater Drucksensor ist daher nicht unbedingt erforderlich. Aus dem Fördervolumen und dem nach Fördermodul herrschenden Druck wird im Steuergerät die für die korrekte Zumessung

Abb. 2.19 Prinzip-
schaltbild eines Dosier-
systems mit volu-
metrischer Förderung:
1 = Steuergerät;
2 = Sensoren;
3 = Aktoren;
4 = Elektromagnet;
5 = Membranpumpe;
6 = Druckleitung;
7 = Dosierventil;
8 = SCR-Katalysator;
9 = Saugleitung;
10 = AdBlue-Tank

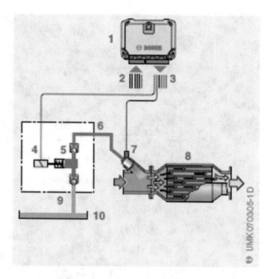

erforderliche Öffnungszeit des Dosierventils berechnet. Ein Pkw-Dosiersystem mit volumetrischer Förderung ist in Abb. 2.20 dargestellt.

Die Entleerung des Systems zum Schutz vor Eisdruckschäden erfolgt über eine separate Rücksaugpumpe, die nach dem gleichen Prinzip wie die Förderpumpe arbeitet und im
gleichen Gehäuse untergebracht ist.

2.3.2.2 Fördermodul
Im Fördermodul erfüllen verschiedene Komponenten die Funktionen

* Pumpen,
* Filtern,
* Heizen.

Falls das Fördermodul direkt am Tank angebaut ist, kommt noch die Bestimmung von
Reduktionsmittelmenge, -temperatur und -qualität hinzu. Abb. 2.21 zeigt verschiedene
Ausführungen.

2.3.2.3 Pumpe
Die Pumpe ist die Kernkomponente des Fördermoduls. Je nach Ausführung und Ver-
wendungszweck fördert sie bis zu 15 kg/h. Der Systemdruck liegt je nach Anwendung
typischerweise zwischen 0,3 MPa und 1 MPa. Für die Förderpumpe werden folgende Bauformen verwendet:

* Membranpumpe, angetrieben über einen Elektromotor mit Exzenterwelle und Pleuel;
* Membranpumpe, angetrieben über einen Gleichstrommagneten und Rückstellfeder;
* Zahnradpumpe, angetrieben über einen Elektromotor.

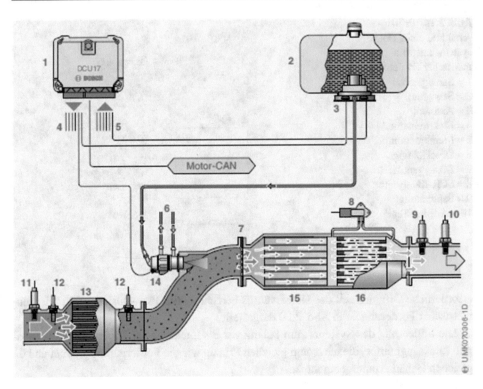

Abb. 2.20 Dosiersystem für Pkw mit volumetrischem Förderprinzip (Denoxtronic, Robert Bosch GmbH): 1 = Steuergerät; 2 = AdBlue-Tank; 3 = Fördermodul; 4 = Aktoren; 5 = Sensoren; 6 = Kühlmittel; 7 = Mischer; 8 = Differenzdrucksensor; 9 = Partikelsensor; 10 = NO_x-Sensor; 11 = λ-Sonde; 12 = Temperatursensor; 13 = Oxidationskatalysator; 14 = Dosiermodul; 15 = SCR-Katalysator; 16 = Dieselpartikelfilter

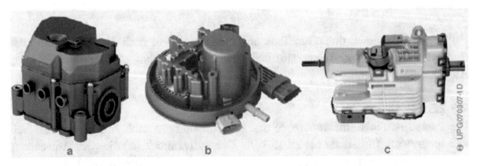

Abb. 2.21 Fördermodul für Nutzfahrzeuge und Personenwagen: **a** Nfz; **b** Pkw (Anbau am Tankboden); **c** Pkw (Anbau auf dem Tank)

In Membranpumpen trennt eine Membrane aus einem reduktionsmittelbeständigen Elastomer das korrosive Medium vom Antrieb. Die in den Antriebskomponenten der Pumpe verwendeten Buntmetalle, Magnetwerkstoffe und Kunststoffe müssen somit in der Regel nicht reduktionsmittelresistent sein. Dies wirkt sich besonders vorteilhaft auf den Verschleiß an Kontaktstellen und Führungen aus. Membranpumpen sind aufgrund der elastischen Verformbarkeit der Arbeitsmembrane eisdruckfest.

Bei einigen Dosiersystemen wird Eisdruckfestigkeit über das völlige oder teilweise Entleeren des Dosiersystems in den Tank realisiert. Bei einer Zahnradpumpe erfolgt dies durch die Änderung der Drehrichtung. Bei einer Membranpumpe muss, falls die Saug- und Druckventile nicht aktiv betätigt werden können, zur Umkehr der Förderrichtung ein zusätzliches Umschaltventil vorgesehen werden. Alternativ kann auch eine separate Rücksaugpumpe verwendet werden. Wird als Rücksaugpumpe eine Membranpumpe mit Gleichstrommagnet eingesetzt, sind konstruktive Maßnahmen zu treffen, um die Anschlaggeräusche des Magnetankers zu unterdrücken. Diese Geräusche sind insbesondere bei abgeschaltetem Verbrennungsmotor störend laut, also zum Beispiel in der Nachlaufphase beim Rücksaugen des Reduktionsmittels.

2.3.2.4 Filter

Der Filter schützt das Dosiersystem vor Verunreinigungen und ist bei Personenwagen für die Gesamtlebensdauer ausgelegt; bei Nutzfahrzeugen kann er im Fahrzeug getauscht werden.

2.3.2.5 Heizung

Um auch bei niedriger Außentemperatur dosieren zu können, muss das bei weniger als −11 °C gefrierende AdBlue in Tank und Fördermodul durch Heizelemente verflüssigt werden. Das Dosiermodul benötigt aufgrund seiner Nähe zum heißen Abgasrohr keine Heizung. Da der 15 bis 25*l* fassende Reduktionsmitteltank im Fahrzeug wegen des großen Platzbedarfs nicht immer nahe der Dosierstelle eingebaut werden kann, sind oft lange Leitungen für das Reduktionsmittel nötig, die ebenfalls beheizt werden müssen.

Bei Personenwagen werden Tank, Fördermodul und Leitungen meistens elektrisch beheizt. In Nutzfahrzeugen erfolgt das Auftauen des Tanks überwiegend und des Fördermoduls zum Teil über das Kühlmittel des Verbrennungsmotors.

Wird im Fördermodul eine Membranpumpe samt Antrieb über einen Gleichstrommagnet verwendet, kann das Fördermodul allein über eine gezielte Bestromung der Magnetspulen beheizt werden.

Bilden Fördermodul und Tank eine Einheit – wie es häufig bei Dosiersystemen für Pkw der Fall ist (Abb. 2.22) –, ist auch die Tankheizung ein Bestandteil des Fördermoduls. Für diese Heizung werden vorwiegend elektrisch betriebene Heizelemente verwendet. Diese bestehen meist aus einem wärmeleitenden metallischen Verteilerkörper, in den Heizwiderstände eingepresst sind. Die Widerstände erhitzen sich bei Stromfluss und geben die Wärme an den Verteilerkörper ab, der wiederum das ihn umgebende Reduktionsmittel aufheizt. Als Widerstände werden häufig PTC-Elemente (Positive Temperature Coeffi-

Abb. 2.22 Tank mit
bodenseitig
eingeschweißtem
Fördermodul

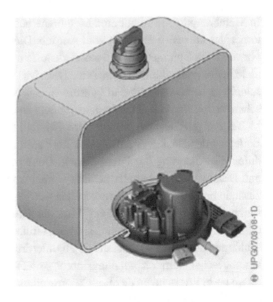

cient) eingesetzt, deren Widerstandswert mit steigender Temperatur zunimmt. Die Elemente sind so ausgelegt, dass ihr Widerstand bei einer gewünschten Temperatur so hoch
wird, dass kein Strom mehr durch sie fließt und es somit zu keiner Überhitzung der Komponente kommt. Eine Umspritzung aus AdBlue-resistentem Kunststoff schützt die Heizung vor Beschädigungen durch das korrosive Reduktionsmittel.

Ist das gesamte Reduktionsmittel im Tank gefroren, taut bei Heizbeginn zunächst das
die Heizung unmittelbar umgebende Eis auf, der Wärmeübergang erfolgt in dieser Phase
praktisch ausschließlich durch Wärmeleitung. Über Konvektion gibt die aufgetaute
Flüssigkeit dann Wärme an das weiter vom Heizer entfernte Eis weiter. Das Schwappen
der Flüssigkeit während des Fahrzeugbetriebs begünstigt den Auftauvorgang, sodass der
gesamte Tankinhalt aufgetaut wird. Das Heizelement muss dabei stets von Flüssigkeit um-
geben sein. Wäre dies nicht der Fall – etwa weil es bereits zur Dosierung verwendet und
abgepumpt wird –, würde sich ein Hohlraum um das Heizelement bilden, der wie ein Iso-
lator wirkt. Der Wärmeübergang an das gefrorene Medium wäre damit für die erforderliche Auftaurate nicht mehr ausreichend.

Im Steuergerät ist eine Heizstrategie hinterlegt, die jede Heizkomponente so ansteuert,
dass an allen notwendigen Stellen des Dosiersystems das Reduktionsmittel rechtzeitig
auftaut. Bei elektrisch betriebenen Heizelementen ist besonders auf effizientes Nutzen der
elektrischen Energie zu achten, die im Bordnetz nur begrenzt zur Verfügung steht. Das
Entleeren des Systems beim Abstellen hilft dabei, dem Bordnetz möglichst wenig elektrische Energie für das Auftauen des im System befindlichen Reduktionsmittels zu
entnehmen.

Je nach Anwendung gibt es für das Fördermodul mehrere Anbauorte. Bei Nutzfahrzeugen ist es üblicherweise getrennt vom Tank am Fahrzeugchassis montiert. Bei

Personenwagen wird das Fördermodul meist direkt am Tank angebaut. Abb. 2.22 zeigt eine Variante, bei der das Fördermodul von außen am Tankboden fixiert wird.

2.3.2.6 Dosiermodul

Das Dosiermodul führt dem Abgas stromaufwärts des SCR-Katalysators die benötigte Menge an Reduktionsmittel zu. Je nach Systemvariante ist es nur für die Zumessung der Reduktionsmittelmenge oder auch zusätzlich für das Zerstäuben der Lösung im Abgastrakt verantwortlich. Bei luftunterstützten Systemen kann das Dosiermodul entfernt von der Abgasanlage positioniert sein, da das Sprührohr die Eindüsung vornimmt (siehe Abb. 2.15). Bei Systemen ohne Luftunterstützung sitzt das Dosiermodul direkt am Abgastrakt, siehe Abb. 2.16 und 2.23.

Das Dosiermodul besteht aus dem Magnetventil (Dosierventil, Abb. 2.24) für Zumessung und Zerstäubung und dem Ventilgehäuse, das gleichzeitig als Kühlkörper der Wärmeabfuhr dient.

Ursprünglich für die Benzineinspritzung bei Verbrennungsmotoren entwickelt, ist das Ventil durch eine spezielle Auswahl der Werkstoffe resistent gegen die wässrige Harnstofflösung. Das Dosierventil besteht aus einer Düse und einem getaktet angesteuerten Magnetventil, dessen Öffnungszeit wiederum über ein pulsweitenmoduliertes Spannungssignal

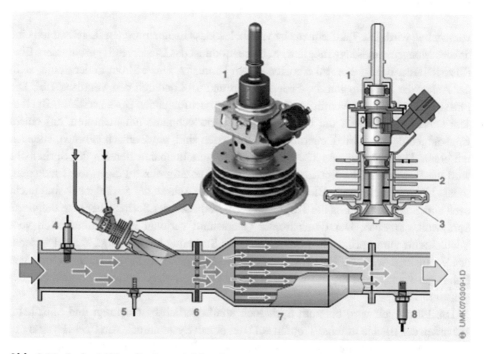

Abb. 2.23 Luftgekühltes Dosiermodul für die Anwendung in Pkw oder leichten Nfz: 1 = Dosiermodul; 2 = Wärmeleithülse; 3 = Hohlrippe; 4 = Partikelsensor; 5 = Temperatursensor; 6 = Mischer; 7 = SCR-Katalysator; 8 = NO$_x$-Sensor

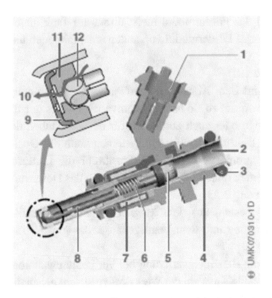

Abb. 2.24 Dosierventil für wässrige Harnstofflösung: 1 = elektrischer Anschluss; 2 = hydraulischer Anschluss; 3 = Dichtring; 4 = Kunststoffumspritzung; 5 = Filtersieb; 6 = Druckfeder; 7 = Magnetspule; 8 = Ventilnadel mit Anker; 9 = Lochscheibe; 10 = S-förmige Bahn der Flüssigkeit; 11 = Ventilsitz; 12 = Ventilkugel

vorgegeben wird. Die Taktfrequenz ist variabel, sodass in einem weiten Regelbereich eine präzise Mengenzumessung möglich ist. Unbestromt ist das Dosierventil geschlossen. Eine Rückstellfeder drückt den Ankerbolzen in den Ventilsitz. Fließt Strom in der Spule, zieht der Anker die Nadel gegen die Federkraft an und gibt dadurch den Ventilsitz frei. Die Flüssigkeit passiert den Ventilsitz und wird in der nachfolgenden Düse zerstäubt. Bei diesem Dosierventil besteht die Düse aus einer Spritzlochplatte mit mehreren, auf einem Kreis angeordneten Spritzlöchern. Diese Öffnungen sind, physikalisch gesehen, Blenden mit einem Durchmesser von 120 … 200 μm. Im unmittelbaren Bereich des Spritzlochs wird die Wandstärke der Spritzlochscheibe ventilsitzseitig durch Prägen lokal reduziert, sodass sich eine sehr kurze Blendenlänge ergibt. Die Achsen der Spritzlöcher sind leicht nach außen geneigt, sodass die Tröpfchen beim Verlassen der Spritzlöcher eine definierte Spraywolke ergeben. Der durchströmte Querschnitt verjüngt sich kontinuierlich vom Ventilsitz bis zum Spritzloch, wodurch sich die Strömung beschleunigt. Beim Passieren des Ventilsitzes wird die Flüssigkeit zu einem sogenannten S-Schlag (einer S-förmigen Bahn) gezwungen, der die Turbulenz in der Strömung steigert und die Zerstäubung begünstigt.

Die Flüssigkeit wird bis zum Spritzloch kontinuierlich beschleunigt und reißt beim Verlassen der Blende in feine Tropfen auf. Bei einem Systemdruck von 0,5 MPa sind mit dem beschriebenen Ventiltyp Tropfen mit einem mittleren Sauter-Durchmesser (SMD) von 100 μm darstellbar. Abb. 2.25 zeigt unterschiedliche Sprayformen.

Abb. 2.25 Sprayform
bei unterschiedlichem
Spraywinkel: **a** Spray
einer einfachen
Dreilochdüse; **b** Spray
einer Dreilochdüse mit
Dralleffekt

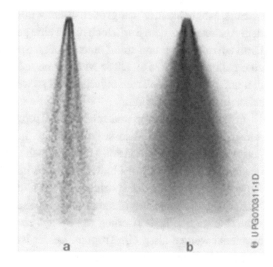

Abb. 2.26 Ablagerungen am
Dosierventil und am Abgasrohr

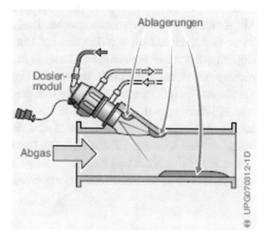

   Mit luftunterstützten Dosiersystemen werden Tropfengrößen kleiner 20 µm erzeugt. Tröpfchen dieser Größe verdampfen hauptsächlich im Flug. Für Tropfengrößen im Bereich von 100 µm ist die Verweildauer im Abgas zu kurz, um zu verdampfen. Stattdessen findet die Umsetzung zu gasförmigem Reduktionsmittel auf heißen Oberflächen im Abgassystem wie zum Beispiel auf einem Mischer statt, auf dem sich die Tropfen niederschlagen. Die dazu notwendige Energiemenge muss vom Abgas durch Wärmeübertragung auf die Oberflächen bereitgestellt werden. Sollte die Oberfläche zu stark auskühlen, kann die nicht verdampfte Dosiermenge zu Ablagerungen führen, siehe Abb. 2.26.
   Die Tropfen müssen einen ausreichend großen Impuls aufweisen, um die bereitgestellten Oberflächen zu benetzen und nicht durch die Abgasströmung undefiniert verblasen zu werden. Zusätzlich muss das Spray einen entsprechend großen Raumwinkel ausfüllen, der es erlaubt, die bereitgestellte Oberfläche auch großflächig zu treffen.

Eine Möglichkeit, einen großen Raumwinkel auszufüllen, ist es, der Flüssigkeit vor dem Austreten aus dem Spritzloch durch eine geometrische Maßnahme einen zusätzlichen Drall aufzuzwingen und somit einen großen Spraywinkel mit gleichzeitiger Homogenität zu erhalten (Abb. 2.25b). Diese Maßnahme reduziert jedoch die Tropfengröße und damit den Impuls, wobei die Tropfengröße nicht so weit reduziert werden kann, dass die Tropfen schon im Flug verdampfen.

Je nachdem, wie groß und schnell die Tropfen sind, findet eine unterschiedlich starke Ablenkung durch die Abgasströmung statt. In Pkw-Anwendungen fällt die Ablenkung gering aus und die Tropfen sollten bereits beim Verlassen des Spritzlochs in die Richtung der Achse des Abgasrohres bzw. auf die zu benetzende Fläche gerichtet sein. Für diese Anwendungen eignet sich speziell der Anbau an einem Rohrbogen (Abb. 2.27).

Bei Abgasrohren mit größerem Durchmesser kann die Ablenkung der Tropfen als erwünschte weitere Auffächerung des Sprays eingesetzt werden, da kleine Tropfen stärker abgelenkt werden als große Tropfen. Leider ist diese Ablenkung betriebspunktabhängig, weshalb als Kompromiss eine mittlere Abgasströmungsgeschwindigkeit für die Auslegung gewählt wird. Dementsprechend ergibt sich der Neigungswinkel, mit dem das Spray zur Abgasströmung austreten sollte und das Dosiermodul zum Abgasrohr angebaut werden muss. Ein Niederschlag von Tropfen auf dem Dosiermodul selbst und im Bereich des Dosiermoduls sollte vermieden werden, da hier nicht die hohen Temperaturen zur Umsetzung des Reduktionsmittels herrschen. Um rezirkulierende Tropfen im Bereich der Ventilspitze zu unterbinden, sollte die Dosierventilspitze möglichst nahe am Abgasstrom sein. Ein Auskragen der Ventilspitze in das Abgasrohr ist aufgrund der hohen Temperaturbelastung jedoch zu vermeiden. Das Sieden des Reduktionsmittels im Innern des Ventils würde zu einer schlechten Zumessgenauigkeit führen.

Um Bauteilfestigkeit und Zumessgenauigkeit zu gewährleisten, muss das Dosierventil aufgrund des abgasrohrnahen Anbaus zusätzlich gekühlt werden (Abb. 2.27). Je nach Aus-

Abb. 2.27 Anbau eines
wassergekühlten
Dosiermoduls

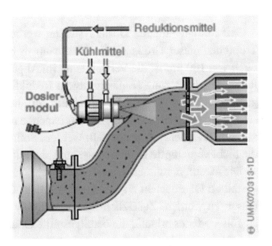

führung der Abgasanlage kann es entweder passiv über die Umgebungsluft oder aktiv über das Motorkühlwasser oder das Reduktionsmittel gekühlt werden.

Für hohe Konversionsraten sollten Oxidationskatalysator, Partikelfilter und SCR-Katalysator möglichst motornah verbaut werden. Je nach Kombination dieser Komponenten kann das Dosierventil einer sehr hohen Temperaturbelastung ausgesetzt sein. In diesem Fall ist eine aktive Kühlung über das Motorkühlwasser erforderlich. Das Dosierventil wird dazu in einem am Abgasrohr befestigten Kühlkörper aufgenommen. Zur Minimierung der beiden auf das Ventil einwirkenden Wärmeströme (unmittelbarer Kontakt mit dem Abgas, über die Kühlkörperbefestigung) wird das Ventil so eingebaut, dass nur die stirnseitige Ventilspitze, d. h. die Spritzlochplatte, direkt dem heißen Abgas ausgesetzt wird. Der Wärmefluss über die Anbindung des Dosiermoduls an das Abgasrohr wird über eine thermische Drosselstelle (Dichtungsscheibe mit kleiner Auflagefläche oder schlecht wärmeleitend oder beides) möglichst gering gehalten. Weiterhin muss das Dosierventil thermisch gut an die im Kühlkörper realisierte Kühlung angebunden werden. Die meisten Dosiermodule werden, insbesondere bei einem motornahen Anbau, über das Motorkühlwasser gekühlt.

Der Kühlkörper hat für das Kühlwasser einen Zu- und einen Ablauf. Um das Dosierventil gleichmäßig zu kühlen, wird die Flüssigkeit durch entsprechende Leitbleche gezwungen, das gesamte Ventil und insbesondere die heiße Ventilspitze vollständig zu umströmen. Die thermische Anbindung des Dosierventils an den Kühlwasserkanal erfolgt über eine wärmeleitende Graphithülse. Graphit hat den Vorteil, reduktionsmittelresistent zu sein und sich aufgrund seiner guten plastischen Verformbarkeit der Wandung von Dosierventil und Kühlkanal ohne toleranzbedingten Luftspalt anzupassen.

Ist das Dosiermodul am Unterboden des Fahrzeugs montiert, ist für das Dosierventil meist die Luftkühlung ausreichend und somit unabhängig vom Motorkühlkreislauf (Abb. 2.23). Dabei ist darauf zu achten, dass das Dosiermodul vom Fahrtwind erreicht wird und die maximale Umgebungstemperatur 70 °C nicht übersteigt. Wie beim wassergekühlten Dosiermodul wird der in die Ventilspitze eindringende Wärmestrom über eine wärmeleitende Graphitbuchse an einen Adapter mit zusätzlichen Kühlrippen abgegeben. Der über die Anbindung an das Abgasrohr in den Adapter eindringende Wärmestrom wird über eine lange Hohlrippe von geringer Wandstärke oder über daran anschließende Kühlrippen an die Umgebungsluft abgegeben. Nur die stirnseitige Ventilspitze hat unmittelbaren Kontakt mit dem heißen Abgas. Der Ventilschaft wird durch die Hohlrippe und das sich darin befindende isolierende Luftpolster von der Wärme abgeschirmt. Das Dosiermodul schließt nicht unmittelbar bündig mit dem Abgasrohr ab. Es ist an einem Rohrstück vom Abgasstrom entfernt angebracht, um es nicht direkt dem Abgas und seiner hohen Temperatur auszusetzen. Damit keine Wandbenetzung und somit Ablagerungen auftreten, ist der Flansch konisch ausgeführt. Die Tropfen weisen einen SMD von 100 μm auf und besitzen dadurch genügend kinetische Energie, um den Abgasstrom zu erreichen. Hier prallen sie auf einen Mischer, der aufgrund seiner Position inmitten des Abgasstroms sehr heiß ist und demzufolge zum unmittelbaren Verdampfen der Tropfen führt. Die Mischerklappen verteilen den Dampf gleichmäßig über den gesamten Querschnitt des Abgasrohres vor dem SCR-Katalysator.

2.3.2.7 Tank für das Reduktionsmittel

Das Reduktionsmittel wird im Fahrzeug in einem eigens dafür vorgesehenen Tank mitgeführt. Personenwagen haben ein typisches Tankvolumen von $15 \ldots 25l$, Nutzfahrzeuge von $25 \ldots 60l$. Waren die ersten Tanks für Nutzfahrzeuge noch aus rostfreiem Edelstahl, so hat sich mittlerweile der Kunststofftank durchgesetzt. Üblicherweise wird als Werkstoff Hart-Polyethylen (HDPE, High Density Polyethylene) verwendet. Die Herstellung der Tankhülle erfolgt über Spritzen oder Blasen.

Bei Nfz wird der Tank üblicherweise am Fahrzeugchassis befestigt. Bei Pkw ist der für den Tank zur Verfügung stehende Bauraum stärker begrenzt. Der Tank muss deshalb so geformt sein, dass er in einen zur Verfügung stehenden Hohlraum im Fahrzeug passt. Ein einheitlicher Tank für verschiedene Fahrzeuge ist somit nicht möglich. Weitere Anforderungen an den Tank sind die Beständigkeit gegen Eisdruck sowie eine dem Auftauen des Reduktionsmittels förderliche Form. Für das Auftauen des Eisblocks im Tank muss bereits verflüssigtes AdBlue durch Schwappen an noch gefrorene Stellen gelangen, d. h., die Tankhülle muss so gestaltet sein, dass die Fluidbewegung nicht durch Engstellen oder Stufen beeinträchtigt wird. Zur Geräuschdämmung kann eine Schallisolierung auf der Außenhaut des Tanks notwendig werden.

Um den Gefrierprozess zu verzögern, wird bei manchen Fahrzeuganwendungen auf der Außenseite des Tanks eine Wärmeisolierung angebracht. Durch entsprechende Anordnung der Isolationsschicht können im Tank ein gerichtetes Erstarren erzielt und dadurch Eisdruckschäden vermieden werden.

2.3.2.8 Steuergerät

Alle Funktionen des Dosiersystems werden über eine Steuereinheit gesteuert und überwacht. Diese ist entweder im Motorsteuergerät integriert oder sitzt in einem separaten Steuergerät, das über CAN-Bus mit dem Motorsteuergerät kommuniziert. Bei einigen Nfz-Anwendungen ist das Steuergerät in das Fördermodul integriert. Ein Mikrocontroller bildet die Kernkomponente der Steuereinheit. Auf diesem sind Regelalgorithmen, Kennfelder und Funktionen abgelegt. Außerdem werden Signale von Sensoren, wie z. B. die des Temperatur- oder Füllstandsensors, ausgelesen. Regelalgorithmen ermitteln auf Basis dieser Sensorsignale und der im Steuergerät abgelegten Kennfelder Sollwerte, mit denen über entsprechende Endstufen die Aktoren, wie z. B. das Dosierventil, angesteuert werden.

2.3.3 Grundlegende Regelalgorithmen

2.3.3.1 Dosierstrategie

- Ermittlung der erforderlichen Dosiermenge;
- Dosierfreigabe in Abhängigkeit von der Temperatur.

2.3.3.2 Heizstrategie

Aufgrund der fahrzeugseitig begrenzten elektrischen Leistung ist für ein eingefrorenes System eine zeitlich abgestimmte Zuschaltung der einzelnen Heizungen für Tank, Fördermodul und Leitungen erforderlich. Erkennt die Steuereinheit am Verlauf des Heizungsstroms eine drohende Kavität um die Tankheizung, so kann die Entnahme von Reduktionsmittel gedrosselt werden.

2.3.3.3 Eisdruckfestigkeit

Üblicherweise wird das Dosiersystem zur Vermeidung von Schäden durch Eisdruck nach dem Abstellen des Verbrennungsmotors komplett oder teilweise entleert. Zeitpunkt und Ablauf dieser Prozedur werden von der Steuereinheit gesteuert.

2.3.3.4 Kühlung

Aus dem elektrischen Widerstand der Dosierventilspule wird die Temperatur am Dosierventil berechnet. Bei sehr hoher Temperatur kann das Dosierventil durch zusätzliches Dosieren verstärkt gekühlt werden.

2.3.3.5 Wiederbetankung

Die Steuereinheit überprüft den aktuellen Tankfüllstand anhand eines Füllstandsensors und gibt die Notwendigkeit einer Wiederbetankung über eine Anzeige im Kombiinstrument an den Fahrer weiter. Der vom Sensor gemessene Füllstand wird mit der eingespritzten Reduktionsmittelmenge plausibilisiert.

2.3.3.6 Druckregelfunktion

Um die erforderliche Dosiergenauigkeit einzuhalten, muss bei druckgeregelten Dosiersystemen ein definierter Druck im Dosiermodul eingehalten werden. Dazu wird der aktuelle Systemdruck festgestellt, mit dem Sollwert verglichen und über die Ansteuerung der Förderpumpe entsprechend angepasst. Bei Dosiersystemen mit volumetrischem Förderprinzip wird im Steuergerät die eingespritzte Menge über das Fördervolumen der Pumpe und der Öffnungsdauer des Dosierventils ermittelt.

Über die im Steuergerät integrierte Diagnose (On-Board-Diagnose) überprüft sich das Steuergerät selbst, die Ein- und Ausgangssignale sowie die Funktionstüchtigkeit der Komponenten, Funktionen und Regelalgorithmen. Dabei erkannte Fehler werden im Fehlerspeicher des Steuergerätes abgelegt und können über eine Diagnoseschnittstelle ausgelesen werden. Typische Beispiele für erkennbare Fehler sind Kurzschlüsse, blockierte Ventile und Aktoren, verschlossene Spritzlöcher des Dosierventils oder Überhitzung von Komponenten.

2.3.4 Mischelemente in SCR-Systemen

Um eine hohe NO_x-Reduktion bei gleichzeitig minimalem Ammoniak-Schlupf zu erzielen, bedarf es einer möglichst homogenen Verteilung des Reduktionsmittels im Abgas.

In vielen Fahrzeugen ist die zur Verfügung stehende Mischstrecke zwischen Einspritzort und Katalysator nicht ausreichend lang, um eine ausreichende Vermischung zu gewährleisten. In solchen Fällen kommen Mischelemente zum Einsatz, die durch Generierung von Turbulenzen die Mischung von Abgas und Reduktionsmittel unterstützen (Tab. 2.2). Weiterhin sorgen sie durch eine gleichmäßige Strömung für eine vorteilhafte homogene Anströmung des Katalysators.

Außerdem unterstützen Mischer durch den intensiveren, höheren Wärmeaustausch zwischen Mischeroberfläche und Tropfen die angestrebte Verdampfung derselben, sodass das Reduktionsmittel weitestgehend dampfförmig in den SCR-Katalysator eintritt.

Abb. 2.28 zeigt exemplarisch einen Klappenmischer (Impaktionsmischer), bei dem das Reduktionsmittel auf die Mischerklappen aufgespritzt wird, sowie die typische Anordnung in einem Abgasrohr.

Tab. 2.2 Kernfunktionen von Mischelementen in SCR-Systemen

Funktion	Art des Reduktionsmittels
Vergleichmäßigung der Strömungsgeschwindigkeit	flüssige und gasförmige Reduktionsmittel
Homogene Mischung von Abgas und Reduktionsmittel	flüssige und gasförmige Reduktionsmittel
Sekundärzerstäubung, Verdampfung von Reduktionsmittel	nur flüssige Reduktionsmittel

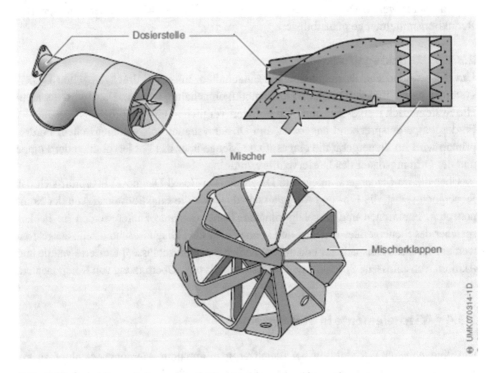

Abb. 2.28 Impaktionsmischer mit typischer Anordnung im Abgasrohr

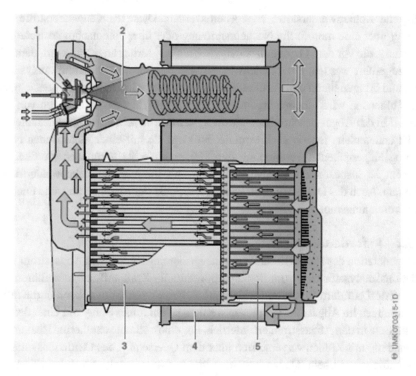

Abb. 2.29 Drallmischung in typischer Nfz-Abgasanlage: 1 = Dosiermodul; 2 = AdBlue-Spray; 3 = Dieselpartikelfilter; 4 = SCR-Katalysator; 5 = Oxidationskatalysator

Bei Mischung im Drallmischer erfolgt die Mischung durch die gezielte Erzeugung eines radialen Mischimpulses in einer Mischkammer oder einem Mischrohr, bei denen das Reduktionsmittel nicht direkt auf ein Mischelement aufgesprüht wird (Abb. 2.29).

Der Impaktionsmischer bietet durch die direkte Anströmung des Mischelements einen erhöhten Wärmeübergang zwischen Reduktionsmittel und Mischer. Die im Vergleich zu Drallmischelementen kompaktere Bauweise ist ein weiterer Vorteil. Insbesondere Impaktionsmischer führen zu einer Verengung des freien Strömungsquerschnitts im Abgasrohr, was mit einer entsprechenden Erhöhung des Abgasgegendruckes verbunden ist. Die Wahl des „idealen" Mischers wird in der Praxis stark von den Bauraumgegebenheiten des Fahrzeugs geprägt und stellt in der Regel eine maßgeschneiderte Lösung dar.

2.3.5 Nachmotorisches Kraftstoff-Dosiersystem zur Erhöhung der Abgastemperatur

2.3.5.1 Grundlagen

Für das Starten einer Partikelfilterregeneration muss die Abgastemperatur ausreichend hoch sein. Reicht die bei der Kraftstoffverbrennung entstehende Wärme nicht aus, um die nötige Abgastemperatur zu erreichen, müssen dem Abgas vor dem Oxidationskatalysator zusätzliche Kohlenwasserstoffe zugegeben werden. Diese Kohlenwasserstoffe können entweder über eine motorische Nacheinspritzung oder über eine nachmotorische Dosiereinrichtung, die vor dem Oxidationskatalysator am Abgasrohr angebaut wird, dem Abgasstrom zugeführt werden. Die Kohlenwasserstoffe werden im Oxidationskatalysator verbrannt und bringen damit den Partikelfilter auf die erforderliche Regenerationstemperatur.

Im Folgenden wird eine nachmotorische Einrichtung für das Einspritzen von Dieselkraftstoff in das Abgas beschrieben. Dieses System verursacht einerseits zusätzliche Kosten, hat andererseits jedoch auch Vorteile. So kann die mit einer motorischen Nacheinspritzung einhergehende Verdünnung des Motorschmieröls vermieden werden. Dieses Argument ist insbesondere für Nutzfahrzeuge mit ihrer hohen Lebensdauerforderung interessant. Auch das Dosiervolumen und der Zeitpunkt der Eindosierung sind unabhängig vom Verbrennungsmotor.

2.3.5.2 Anforderungen

Zur Regeneration des Partikelfilters muss die Dosiereinrichtung dem Abgasstrom vor dem Oxidationskatalysator eine vom Steuergerät ermittelte Kraftstoffmenge zuführen. Damit der Kraftstoff auf dem Weg zum Oxidationskatalysator verdampfen kann und Kraftstoffansammlungen im Abgasrohr vermieden werden, ist ein feines Spray mit einer definierten Eindringtiefe in den Abgasstrom erforderlich. Für eine optimale exotherme Reaktion muss die Beladung mit Kohlenwasserstoffen über dem Querschnitt des Oxidationskatalysators gleichmäßig verteilt sein. Dadurch werden im Oxidationskatalysator lokale Temperaturerhöhungen und eine thermische Schädigung des Katalysatorwerkstoffes vermieden.

Die Regeneration des Partikelfilters ist nur in großen zeitlichen Abständen erforderlich. Dabei muss die Menge sehr genau und die Spraygüte des einspritzten Kraftstoffes sehr hoch sein. In den Ruhephasen darf das Dosiersystem, das zwecks einer guten Sprayausbildung direkt am heißen Abgasrohr positioniert ist, keinen Schaden nehmen. Die kraftstoffgefüllte Einspritzeinheit ist aufgrund ihrer motornahen Anbausituation einer hohen Temperatur- und Rußbelastung ausgesetzt.

Die hohe thermische Belastung führt während der Ruhephase im Dosierventil zu einer Alterung des Kraftstoffs, verbunden mit entsprechenden Ablagerungen innerhalb der Einspritzeinheit. Diese Ablagerungen können an der Düse insbesondere während der Ruhephase zu Leckage führen. Rußpartikel, die die Düsenspitze passieren, bleiben haften und bilden eine störende Verkokungsschicht.

2.3.5.3 Systemaufbau

Das Dosiersystem besteht aus einer Dosiereinheit und einer Einspritzeinheit und ist an den Niederdruckkreis des Kraftstoffeinspritzsystems des Verbrennungsmotors angeschlossen (siehe Abb. 2.30).

Die Einspritzeinheit (10) ist unmittelbar am heißen Abgasrohr angebracht. Die Dosiereinheit (5) ist über eine Leitung mit der Einspritzeinheit verbunden. Somit ist nur die Einspritzeinheit der hohen thermischen Belastung durch das heiße Abgas ausgesetzt.

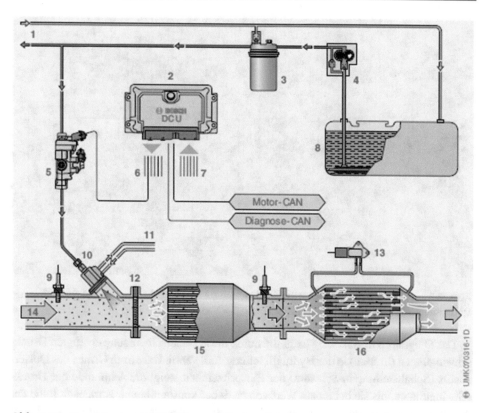

Abb. 2.30 Gesamtsystem Partikelfilter mit Kraftstoff-Dosiersystem (Departronic, Robert Bosch GmbH): 1 = Niederdruckkreislauf; 2 = Steuergerät; 3 = Kraftstofffilter; 4 = Zahnradpumpe (Kraftstoffvorförderpumpe des Einspritzsystems); 5 = Dosiereinheit; 6 = Aktoren; 7 = Sensoren; 8 = Kraftstofftank; 9 = Temperatursensor; 10 = Einspritzeinheit; 11 = Kühlmittel; 12 = Mischer; 13 = Differenzdrucksensor; 14 = Abgasstrom; 15 = Oxidationskatalysator; 16 = Dieselpartikelfilter

Die Einspritzeinheit besteht aus einem passiven Ventil und einem Kühladapter, der vom Kühlmittel des Verbrennungsmotors durchströmt wird. In dem nach außen öffnenden Ventil drückt eine Feder die Ventilnadel in den Dichtsitz und verschließt es damit hydraulisch. Übersteigt der Kraftstoffdruck den über die Federvorspannung eingestellten Öffnungsdruck, bewegt sich die Ventilnadel nach außen und gibt ihren Sitz frei. Die Flüssigkeit kann über den Sitz entweichen. Fällt nun der Druck im Innern des Ventils unter den Öffnungsdruck, fällt die Ventilnadel wieder in ihren Sitz und schließt das Ventil. Das Feder-Masse-System, bestehend aus Ventilfeder und Ventilnadelmasse, wird durch die Anregung des Dosierventils zu einer stabilen Dauerschwingung gezwungen. Dies führt dazu, dass die Ventilnadel im Ventilsitz intermittierend den das Ventil verlassenden Kraftstoff absperrt. Zur Realisierung dieser stabilen Dauerschwingung muss die Geometrie des Ventilnadelkopfes und des -sitzes so gewählt werden, dass die beim Öffnen der Düse auf die Ventilnadel wirkende Öffnungskraft kontinuierlich und stetig abfällt.

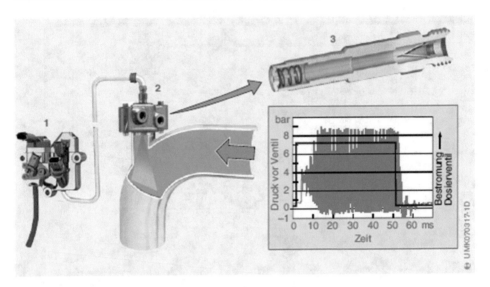

Abb. 2.31 Aufbau eines nachmotorischen Dosiersystems zur Erhöhung der Abgastemperatur: 1 = Dosiereinheit; 2 = Einspritzeinheit mit Ventil; 3 = Ventil

Das Diagramm in Abb. 2.31 zeigt die durch diese Dauerschwingung erzeugten Druckschwingungen (in Blau) in der Hydraulikleitung zum Ventil. Kurz nach Öffnen des Dosierventils (Schaltstellung in Schwarz) der Einspritzeinheit steigt die Amplitude der Druckschwingung an, bis sie bei einem Wert von ca. 9 bar konstant bleibt. Kurz nach Ende der Ansteuerung des Dosierventils nimmt die Amplitude der Druckschwingung ab bis der Druck auf 0 bar absinkt. Um diese konstante Druckschwingung zu erreichen, muss die Leitung zwischen der Dosier- und Einspritzeinheit eine definierte Länge und hohe Steifigkeit aufweisen.

Das intermittierende Öffnen und Schließen des Ventils wirkt sich positiv auf die Qualität des erzeugten Sprays aus. Die Oberfläche des das Ventil verlassenden Kraftstoffs reißt auf und es kommt zur Zerstäubung der Flüssigkeit.

Dieses Prinzip zur Sprayerzeugung hat außerdem den Vorteil, dass die sich während der Ruhephase am Ventilnadelkopf und Ventilsitz angesammelten Ablagerungen und Rußpartikel durch das resonante Schlagen des Nadelkopfes auf den Ventilsitz in kürzester Zeit wieder abgetragen werden. Die Einspritzeinheit reinigt sich so selbst und ist dadurch gegenüber Verkokung und Ablagerungen robust.

Die Einspritzeinheit, die unmittelbar am Abgasrohr fixiert ist, benötigt eine aktive Kühlung über das Motorkühlmittel. Der Adapter zur Aufnahme des Einspritzventils ist so von einem Kühlkanal durchzogen, dass Ventil und Adapter gleichmäßig gekühlt werden. Der unmittelbare Kontakt von Kühlmittel und heißem Abgas würde zum Sieden des Kühlwassers im Adapter führen. Eine erhebliche Reduzierung der Kühlleistung wäre die Folge. Ein zusätzliches isolierendes Luftpolster zwischen Wasserkühlung und Abgasstrom – realisiert über einen Hitzeschild – verhindert diesen Siedeprozess (Abb. 2.32).

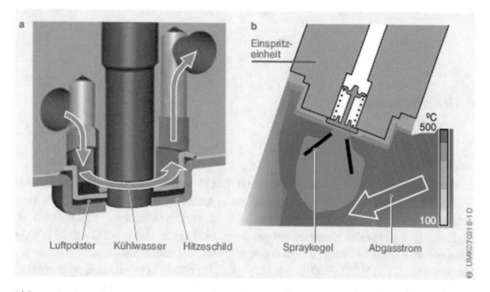

Abb. 2.32 Wasserkühlung der Einspritzeinheit: **a** Kühlmittelfluss, **b** thermische Simulation. Die verschiedenen Blautöne entsprechen unterschiedlichen Temperaturen

Die Dosiereinheit ist am Verbrennungsmotor oder an der Karosserie befestigt und über eine Leitung hoher Steifigkeit mit der Einspritzeinheit verbunden. Der Kraftstoff wird der Dosiereinheit entweder direkt über den Niederdruckkreislauf des Einspritzsystems oder über eine separate Pumpe zugeführt. Zur exakten Ermittlung der Dosiermenge im Steuergerät werden Druck und Temperatur stromaufwärts der Dosiereinheit erfasst.

In der Ruhephase ist der Zulauf zur Dosiereinheit über ein separates Abschaltventil stromlos verschlossen. Dies verhindert, dass im Fall einer defekten Einspritzeinheit unkontrolliert Dieselkraftstoff in das Abgasrohr gelangt. Die Funktion von Dosier- und Einspritzeinheit wird durch einen weiteren Drucksensor überwacht, der zwischen beiden Einheiten platziert ist.

2.3.6 Katalysatoren und Partikelfilter

Katalysatoren und Partikelfilter reduzieren die gasförmigen Abgasbestandteile (HC, CO, NO_x) sowie Partikelmasse und -anzahl. Die Technologien werden im Folgenden in ihrer funktionalen Reihenfolge beschrieben.

2.3.6.1 Diesel-Oxidationskatalysator (DOC)

Die primäre Funktion des Diesel-Oxidationskatalysators (DOC, Diesel Oxidation Catalyst) ist es, die motorischen Kohlenmonoxid- und Kohlenwasserstoffemissionen mit dem Restsauerstoff des Abgases zu H_2O und CO_2 zu oxidieren, nämlich

- für Kohlenwasserstoffe:

$$C_nH_{2m} + (n + m/2)O_2 = nCO_2 + mH_2O$$

- für Kohlenmonoxid:

$$CO_2 + \tfrac{1}{2}O_2 = CO_2$$

In Abb. 2.33 ist ein typischer Umsatzverlauf für die CO- und HC-Oxidation dargestellt. Man erkennt einen sehr steilen Anstieg des Umsatzes in Abhängigkeit der Temperatur. Die Temperatur, bei der 50 % des thermodynamisch möglichen Umsatzes erfolgt, wird als Light-off-Temperatur des Katalysators bezeichnet. Sie liegt im Fall von CO – abhängig von Katalysatorzusammensetzung, Strömungsgeschwindigkeit und Abgaszusammensetzung – bei etwa 150 … 180 °C. Der CO-Umsatz liegt dann für höhere Temperaturen bei über 90 %. Die Oxidation von Kohlenwasserstoffen verläuft ähnlich, jedoch bei höheren Temperaturen, und hängt im Detail von der Zusammensetzung und Art der Kohlenwasserstoffe ab. So wird beispielsweise Methan erst bei sehr hohen Temperaturen (> 400 °C) umgesetzt, während kurzkettige Alkene bereits bei niedrigen Temperaturen (ab ca. 160 °C) reagieren.

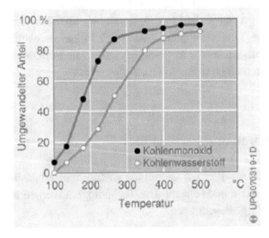

Abb. 2.33 Typischer Umsatzverlauf für die Kohlenmonoxid- und Kohlenwasserstoffoxidation in Abhängigkeit von der Katalysatortemperatur

In modernen Abgasnachbehandlungssystemen erfüllt der DOC weitere Funktionen:

- Die vom Dieselmotor emittierten Partikel bestehen zum Teil aus Kohlenwasserstoffen, die bei steigenden Temperaturen vom Partikelkern desorbieren. Durch Oxidation dieser flüchtigen Bestandteile kann die Partikelmasse um bis zu 30 % vermindert werden.
- Erhöhung des Verhältnisses aus Stickstoffdioxid (NO_2) zu Stickstoffmonoxid (NO). Dieser Schritt ist für die Stickoxidminderung, insbesondere für den SCR-Prozess förderlich, aber auch für die passive DPF-Regeneration über den sogenannten CRT®-Effekt (Continously Regenerating Trap).
- Freisetzung von Wärme durch die Oxidation von absichtlich zugeführten Kohlenwasserstoffen und CO (sogenannter „katalytischer Brenner"). Hierdurch wird die Temperatur des Abgassystems nach dem DOC erhöht. Man wendet dieses Verfahren an, um die für die Partikelfilterregeneration erforderliche Temperaturerhöhung zu unterstützen. Außerdem wird diese Temperaturmanagementmaßnahme eingesetzt, um Systeme zur Regeneration von Stickoxiden nach dem Kaltstart möglichst schnell auf Betriebstemperatur zu bringen (sogenanntes „Rapid Heat-up"), was eine Verbesserung des NO_x-Umsatzes bewirkt.
- Durch den Einsatz geeigneter Beschichtungen ist es außerdem möglich, NO und NO_2 durch eine Reaktion mit teiloxidierten HC in geringem Umfang (etwa 5 ... 10 %) zu reduzieren. Allerdings kann es dabei auch zur unerwünschten Bildung von Lachgas (N_2O) kommen.

2.3.6.2 NO$_2$-Bildung durch den DOC

Eine wesentliche Funktion des DOC ist die Erhöhung des NO_2/NO_x-Verhältnisses, das im motorischen Rohabgas betriebspunktabhängig deutlich unter 50 % liegt. Ein ausgewogenes NO_2/NO_x-Verhältnis ist für weitere Abgasnachbehandlungskomponenten wie den Dieselpartikelfilter und das SCR-System vorteilhaft. NO und NO_2 stehen in Anwesenheit von Sauerstoff in einem Gleichgewicht zueinander, das bei niedrigen Temperaturen (< 250 °C) auf der Seite des NO_2 und für hohe Temperaturen (> 450 °C) auf der Seite des NO liegt. Außer der Abgastemperatur ist auch die HC- und CO-Konzentration ein wesentlicher Faktor, der die NO-Oxidation beeinflusst. So kann der NO_2-Anteil nach einem DOC durch Reduktion des NO_2 mit HC oder CO auch im mittleren Temperaturbereich unter den Eingangswert sinken. Nach weitgehender Oxidation aller Kohlenwasserstoffe außer Methan kann ein platinreicher DOC das NO_2/NO-Verhältnis ab etwa 220 °C in Richtung des Gleichgewichts erhöhen. Für hohe Temperaturen (> 450 °C) sinkt die NO_2-Konzentration entsprechend dem thermodynamischen Gleichgewicht mit steigender Temperatur wieder ab.

2.3.6.3 Temperaturerhöhung durch den DOC

Bei HC- oder CO-Konzentrationen im Bereich weniger als 10 … 100 ppm führt die bei der Oxidation frei werdende Reaktionswärme zu einer kaum merklichen Temperaturerhöhung des Abgases. Ist eine Temperaturerhöhung z. B. zur Einleitung einer Partikelfilterregeneration gewünscht, so müssen zusätzliche Kohlenwasserstoffe vor dem DOC eingespritzt werden. In diesem Fall übernimmt der DOC die Aufgabe einer katalytischen Heizkomponente („katalytischer Brenner" oder „Catalytic-Burner"). Die HC-Einspritzung kann entweder durch eine motorische Nacheinspritzung erfolgen oder durch eine nachmotorische Einrichtung (HC-Dosiersystem). In beiden Fällen lässt sich die einzuspritzende Kraftstoffmenge aus der gewünschten Temperaturerhöhung und dem Abgasmassenstrom berechnen. Als Näherung gilt, dass eine Erhöhung der CO-Konzentration um 1 % zu einem Temperaturanstieg von etwa 90 K führt, während mit einer HC-Konzentrationserhöhung im Prozentbereich ein Temperaturhub von mehreren hundert Kelvin erzielt werden kann. Die Energiefreisetzung erfolgt an der katalytischen Oberfläche, welche die Wärme über Konvektion an das Abgas überträgt. Die Heizleistung ist durch die maximal zulässige Temperatur des Washcoats limitiert (z. B. 800 °C).

2.3.6.4 Katalysatoralterung

Die Wirksamkeit des Katalysators kann durch den Betrieb im Laufe der Zeit abnehmen. Man spricht in diesem Fall von Katalysatoralterung. Folgende Faktoren sind dabei maßgeblich beteiligt:

- die Agglomeration der Edelmetallpartikel (Sinterung), was die spezifische Edelmetalloberfläche verringert,
- die chemische Vergiftung, bei der sogenannte Katalysatorgifte die Edelmetalloberfläche entweder direkt belegen oder durch die Bildung voluminöser Schichten auf dem Washcoat die erforderlichen Diffusionsvorgänge behindern.

Das bekannteste Katalysatorgift ist der im Kraftstoff enthaltene Schwefel. Dieser bildet auf der Oberfläche Sulfate, welche die Zugänglichkeit des Edelmetalls für das Abgas behindern. Moderne Kraftstoffe sind nahezu schwefelfrei, wodurch die Gefahr der Verschwefelung des DOC verringert wird. Ein Teil der Schädigungsprozesse ist irreversibel. Daher muss durch geeignete Abgastemperaturen und Kraftstoffqualitäten darauf geachtet werden, dass diese Prozesse verhindert werden. Einige Katalysatorvergiftungen sind hingegen reversibel und können durch geeignete Betriebsbedingungen wie z. B. Aufheizen des Katalysators über eine Temperaturschwelle rückgängig gemacht werden.

2.3.6.5 Aufbau und Funktionsgrößen eines DOC

Über den strukturellen Aufbau und die chemische Zusammensetzung des Katalysators lassen sich wesentliche Eigenschaften wie Light-off-Temperatur, Umsatz, Temperaturstabilität, Toleranz gegenüber Vergiftung, aber auch die Herstellungskosten in großen Bereichen beeinflussen. Der Katalysatorgrundkörper (auch als „Substrat" oder „Trägerstruktur" bezeichnet) besteht aus einer keramischen oder metallischen Wabenstruktur mit etwa 1 mm breiten Kanälen, deren Kanalwände mit einer edelmetallhaltigen Katalysator-schicht (sogenannter Washcoat) überzogen sind und durch die das Abgas geleitet wird. Beim Durchströmen des Katalysatorkörpers gelangen die zu oxidierenden Komponenten des Abgases durch Diffusion an die Katalysatorschicht und werden dort durch den Rest-sauerstoff oxidiert.

Die wesentlichen Einflussgrößen auf den Umsatz sind:

- Katalysatortemperatur,
- Aktivität und Alterungszustand der Katalysatorbeschichtung,
- Größe und innere Geometrie des Katalysators, damit verbunden die Verweildauer des Gases,
- Konzentration der Reaktionspartner.

Die katalytische Aktivität der Beschichtung wird wesentlich durch die Art und Menge des Materials sowie durch die räumliche Struktur der Oberfläche festgelegt. Im DOC werden Edelmetalle der Platingruppe (Platin, Palladium) eingesetzt, die in Form sehr kleiner Par-tikel (Größenordnung wenige nm) auf einem oxidischen Washcoat (Aluminiumoxid, Ce-roxid und Zirkonoxid) dispergiert sind. Der Washcoat sorgt für eine sehr große innere Oberfläche, stabilisiert die Edelmetallpartikel gegenüber Sinterung und unterstützt die ab-laufenden Reaktionen entweder direkt durch Reaktionen an der Grenze zwischen Partikel und Substrat oder indirekt durch Adsorption von Katalysatorgiften. Die eingesetzte Edel-metallmenge, häufig auch als Katalysatorbeladung bezeichnet, liegt im Bereich 50 … 180 g/ft^3 (1,8 … 6,4 g/l).

Wesentliche strukturelle Merkmale des Katalysatorkörpers sind seine Außenmaße (Durchmesser und Länge), die Dichte der Kanäle (angegeben in cpsi – Channels per Square Inch) und die Wandstärke zwischen den einzelnen Kanälen. Diese Eigenschaften bestimmen die mechanische Stabilität, den Abgasgegendruck und das Aufwärmverhalten des Katalysators. Umsatzanforderungen, Temperatur und Abgasmassenstrom sind die maßgeblichen Größen für die Festlegung des notwendigen Katalysatorvolumens. Setzt man das Volumen des Oxidationskatalysators in Beziehung zum Hubraum, so ergeben sich typischerweise Werte von $V_{Kat}/V_{Hub} = 0,4$ bis $0,8$.

2.3.6.6 Dieselpartikelfilter

Die Aufgabe des Partikelfilters (DPF, Diesel Particulate Filter) ist es, die Partikel mög-lichst vollständig aus dem Abgasstrom zu entfernen. Dieses können nur geschlossene Tiefenfilter (Wandstromfilter) gewährleisten, bei denen das Abgas durch poröse Wände strömt, wobei die Partikel durch Oberflächeneffekte und bei zunehmender Beladung des Filters auch durch mechanische Filterung abgeschieden werden.

Die zunehmende Filtratmenge vergrößert mit der Zeit den Strömungswiderstand über den Filter, was einen zunehmenden Kraftstoffverbrauch verursacht. Es ist deshalb er-forderlich, den Filter in gewissen Intervallen zu regenerieren, d. h. durch geeignete Betriebsbedingungen die brennbaren Bestandteile des Filtrats zu oxidieren (die nicht brennbaren Bestandteile des Filtrats bleiben als Asche zurück). Der Betrieb lässt sich also in lange Phasen der Partikelabscheidung, unterbrochen durch kurze Regenerationsphasen, unterteilen. Der Betrieb eines Partikelfilters erfordert deshalb eine Betriebsstrategie sowie weitere Komponenten, die zusammen das DPF-System bilden. Es wird im Folgenden zunächst die für die Abscheidephase wichtige Struktur des DPF beschrieben, dann auf die Regenerationsphase eingegangen und schließlich die weiteren Bestandteile eines DPF-Systems erörtert.

2.3.6.7 Anforderungen an Dieselpartikelfilter

Die Anforderungen an einen Partikelfilter sind:

- hoher Abscheidegrad auch für sehr kleine Partikel bei Partikelmasse und -anzahl (je nach Gesetzgebung und Rohemission bis 99 %),
- geringer Strömungswiderstand,
- thermische Beständigkeit gegen die bei der Regeneration auftretenden Temperaturen von bis zu 1000 °C,
- gute strukturelle und strömungstechnische Toleranz gegenüber nicht oxidierbaren Partikelbestandteilen (Filterasche).

2.3.6.8 Filtertypen

Derzeit sind fünf Filtertypen im Markt eingeführt:

1. keramisches Extrudat aus Cordierit,
2. keramisches Extrudat aus Siliziumcarbid (SiC),
3. keramisches Extrudat aus Aluminiumtitanat,
4. Sintermetallfilter (besonders für den Retrofitmarkt),
5. Partikelabscheider mit offenen Strukturen.

Die ersten vier Filtertypen basieren auf dem sogenannten Wandstromfilterprinzip, bei dem die komplette Abgasmenge durch eine poröse Wand geführt wird. Bei den keramischen Extrudaten ist hierfür jeder Kanal jeweils alternierend an der Vorder- oder Rückseite verschlossen (Abb. 2.34), sodass das Abgas durch die porösen Keramikwände hindurchströmen muss.

Durch die poröse Struktur der Extrudatwände entsteht eine Filterfläche mit einer sehr großen Oberfläche, bezogen auf das Filtervolumen (etwa 1 m²/l). Beim Durchströmen der Wände lagern sich die Partikel zunächst durch Diffusion an die innere Oberfläche der Poren an (Tiefenfiltration). Nach kurzer Zeit bildet sich an der Oberfläche der Kanalwände zunächst eine dünne Oberflächenfiltratschicht aus, die eine wesentlich geringere Porengröße aufweist als die Trägerstruktur und in der Folge den größten Teil der Partikel abscheidet (Oberflächenfiltration). Mit zunehmender Beladungszeit wächst die Filtratschichtdicke, wodurch sich zunächst der Durchströmungswiderstand und im weiteren

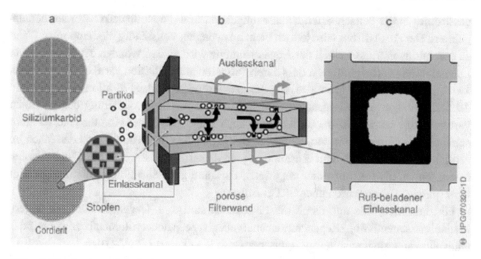

Abb. 2.34 Struktureller Aufbau eines Dieselpartikelfilters (Wandstromfilter): **a** Frontansicht Partikelfilter; **b** Detailansicht Ein- und Auslasskanal, Ausbildung Oberflächenfiltratschicht; **c** Querschnitt durch Einlasskanal mit ausgeprägter Oberflächenbeladung

Verlauf auch der Strömungswiderstand in den Einlasskanälen des Filters erhöht. Der Strömungswiderstand und der Filtrationswirkungsgrad hängen von der Wanddicke (0,3 bis 0,4 mm) und der Porengröße der Filterwand ab. Außerdem ist die Kanaldichte (100 bis 300 cpsi, Channels per Square Inch) wichtig für den Strömungswiderstand. Eine hohe Kanaldichte erhöht zwar die innere Oberfläche und verringert hiermit den Wanddurchtrittswiderstand, führt auf der anderen Seite aber auch zu kleineren Kanaldurchmessern, die den Strömungswiderstand in den Kanälen vergrößern, insbesondere wenn der Kanalquerschnitt der Zulaufkanäle durch das Oberflächenfiltrat zusätzlich verengt wird. Durch unterschiedliche Kanalquerschnitte zwischen Ein- und Ablauf (Durchmesser Einlaufkanal größer als Ablaufkanal) können die dort auftretenden Strömungsverluste durch das Oberflächenfiltrat und die Verträglichkeit gegenüber Ascheablagerungen verbessert werden.

Sintermetallfilter werden aus Filtertaschen zusammengesetzt, die am Eingang zunächst einen großen Eintrittsquerschnitt aufweisen, der sich in Strömungsrichtung zunehmend verjüngt. Diese Geometrie führt zu einer Verringerung des Zuströmverlustes und zu einer höheren Ascheverträglichkeit.

Bei Wandstromfiltern wird das gesamte Abgas filtriert, was zu Filterwirkungsgraden von über 95 % für das gesamte relevante Größenspektrum (10 … 1 μm) führt. Kann der Filter nicht rechtzeitig regeneriert werden, z. B. weil bei einer Nachrüstlösung nicht alle Maßnahmen zur Einleitung einer Regeneration zur Verfügung stehen, so kann der Abgasgegendruck so weit ansteigen, dass die Motorleistung ungünstig beeinflusst wird.

Dieses Verblocken des Filters ist bei offenen Partikelabscheidern nicht möglich. In der Struktur des offenen Partikelabscheiders wird das Abgas – im Gegensatz zu den zuvor beschriebenen Partikelfiltern – nur teilweise bzw. nicht zwangsweise durch Filterwände geführt. Durch konstruktive Gestaltungsmerkmale des Substrates wird ein Teil des Abgasstromes in die benachbarten Kanäle umgelenkt und die Rußpartikel werden heraus-gefiltert. Der Abgasstrom wird jedoch nicht gezwungen, vollständig die feinporöse Wand zu durchdringen. Ein Großteil der Abgasströmung wird an den Wänden des Substrates in Längsrichtung vorbeigeführt, sodass durch Diffusion und Adhäsion Partikel abgeschieden werden. Da nur ein Teilstrom des Abgases gefiltert wird, ist der Filtrationswirkungsgrad deutlich geringer als bei geschlossenen Partikelfiltern. Die Reduzierung der gesamten Partikelmasse beträgt 30–40 %, teilweise auch mehr. Der Filterwirkungsgrad ist stark abhängig von Filterausführung, Fahrzeug, Betriebsbedingungen und -zuständen (auch im zeitlichen Verlauf) und dem Zusammenspiel dieser Einflüsse. Offene Filter werden hauptsächlich als Retrofit-Filter eingesetzt, da keine geregelte Filterreinigung benötigt wird (passive Regeneration über CRT®-Effekt).

Für die Filtergröße und damit die Filterfläche sind u. a. Gegendruckanforderungen, Partikelmassenemission, Regenerationsintervall, Aschespeichervolumen bezogen auf das Hubvolumen auslegungsrelevant (typischerweise $V_{DPF}/V_{Hub} = 1,2 \dots 2,0$).

2.3.6.9 Regeneration des Partikelfilters

Die Regeneration des Filters ist je nach Auslegung und Rohemission nach 300 bis 1000 km erforderlich. Auslegungskriterium für die Regeneration ist die akkumulierte Rußmenge (je nach Filtermaterial 5–10 g/l). Ist diese Menge zu groß, so kann es bei der exothermen Regeneration zu lokalen Temperaturüberhöhungen kommen, die das Substrat und ggf. die katalytische Beschichtung schädigen.

Ruß verbrennt mit dem im Abgas enthaltenden Sauerstoff oberhalb von etwa 600 °C zu CO_2 unter Wärmefreisetzung. Diese zur Regeneration erforderlichen Temperaturen liegen am Filter nur im Nennleistungsbereich des Motors vor. Es müssen deshalb zusätzliche Maßnahmen und Hilfsmittel vorgesehen werden, die eine rechtzeitige Filterregeneration auch im üblichen Fahrbetrieb (Teillast) ermöglichen.

Es gibt folgende Regenerationsmaßnahmen:

1. nichtkatalysierte (thermische) Oxidation durch Restsauerstoff bei 550–650 °C,
2. Additiv-unterstützte Regeneration,
3. Regeneration mit NO_2,
4. Regeneration mit katalytisch beschichtetem Filter.

2.3.6.10 Nichtkatalysierte (thermische) Oxidation

Bei der nichtkatalysierten Oxidation wird durch verschiedene motorische Maßnahmen die Filtertemperatur bis zur Zündtemperatur des Rußes angehoben. Grundsätzlich kann die DPF-Temperatur durch eine gewollte Verschlechterung des Motorwirkungsgrads erhöht werden. Die Maßnahmen dazu sind:

- Verlagerung des Verbrennungsschwerpunktes nach „spät" mit der Folge einer thermo-dynamisch verschlechterten Verbrennung (Engine Burner),
- Drosselung der Ansaugluft,

- Umsatz des eingespritzten Kraftstoffs am Oxidationskatalysator und nicht im Brennraum des Motors (Catalytic Burner).

Darüber hinaus wird teilweise noch der Ladedruck abgesenkt, um bei vergleichbarem Enthalpiestrom des Abgases die Temperatur anzuheben. Bei allen Maßnahmen muss darauf geachtet werden, dass der Restsauerstoffgehalt am DPF ausreichend hoch für eine zügige Regeneration ist (> 5 %). Die oben beschriebenen Maßnahmen sind abhängig vom Motorbetriebspunkt und werden zu Maßnahmenpaketen zusammengefasst (Abb. 2.35).

Im *Bereich 1* (Nennleistungsbereich) sind die motorischen Temperaturen bereits so hoch, dass keine weiteren Maßnahmen eingeleitet werden müssen. Dieser Bereich kommt im Pkw-Betrieb sehr selten vor.

Im *Bereich 2*, in dem sehr hohe Drehmomente angefordert werden, ist es wichtig, dass diese trotz der Regenerationsmaßnahmen zur Verfügung gestellt werden. Die Haupteinspritzung wird etwas nach „spät" verschoben, womit sich der Wirkungsgrad des Motors verschlechtert und die Abgastemperatur zunimmt. Zusätzlich erfolgt eine angelagerte (frühe) Nacheinspritzung, die noch an der Verbrennung teilnimmt und einen weiteren Drehmomentbeitrag liefert. Diese Maßnahmen, die durch Verschlechterung des Wirkungsgrads auf eine Erhöhung der Motorabgastemperatur zielen, werden auch als „Engine Burner" bezeichnet.

Im *Bereich 3* ist die Aufladung gering und das Luftverhältnis bei optimaler Verbrennung bereits unter 1,4. Eine angelagerte Nacheinspritzung würde in diesem Fall örtlich zu sehr kleinen Luftverhältnissen und dadurch zu einem starken Anstieg des Schwarzrauchs füh-

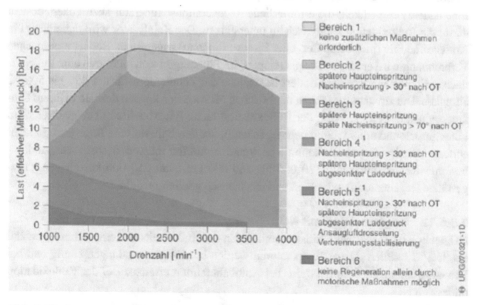

Abb. 2.35 Innermotorische Maßnahmen zur Regeneration eines Dieselpartikelfilters: [1]nicht alle Maßnahmen gleichzeitig erforderlich

ren. Die Nacheinspritzung (späte Nacheinspritzung) wird deshalb so weit verzögert, dass sie nicht mehr an der Verbrennung teilnimmt. Die zusätzlichen HC- und CO-Emissionen werden am DOC in Wärme umgesetzt („Catalytic Burner").

Im *Bereich 4* werden verschiedene Maßnahmen miteinander kombiniert. Zum einen wird durch eine Ladedruckabsenkung der Abgasmassenstrom reduziert. Die Spätverschiebung der Haupteinspritzung und eine angelagerte Nacheinspritzung sorgen wie im Bereich 2 für eine weitere Erhöhung der Abgastemperatur. Die Anteile der einzelnen Maßnahmen müssen im Hinblick auf Geräusch, Emissionen und Verbrauch optimiert werden und sind meist nicht alle gleichzeitig erforderlich.

Im *Bereich 5* ist eine große Temperaturerhöhung von 300 °C bis 400 °C erforderlich. Die Luftmasse wird in diesem Bereich zusätzlich durch eine Drosselklappe reduziert. Hierdurch sind weitere Maßnahmen zur Stabilisierung der Verbrennung, wie Erhöhung der Voreinspritzmenge und Anpassung des Abstands zwischen Vor- und Haupteinspritzung, erforderlich.

Im *Bereich 6*, bei sehr kleinen Drehmomenten, ist die Einleitung einer Regeneration mit Temperaturen > 600 °C nicht möglich.

In allen Bereichen hängt der Umfang der Maßnahmen maßgeblich von der zu erzeugenden Temperatur ab. Damit die im Motor erzeugte Wärme möglichst vollständig im Filter wirksam wird, sollte der thermische Verlust zwischen Motor und Filter gering gehalten werden. In vielen Anwendungen befindet sich deshalb der Filter möglichst nahe am Motor.

2.3.6.11 Additiv-unterstützte Regeneration

Eine andere Möglichkeit, die erforderliche Regenerationstemperatur abzusenken, besteht darin, die Rußoxidation katalytisch zu unterstützen. Der Katalysator wird dabei über ein Kraftstoffadditiv (meist eine Cer- oder Eisenverbindung) zugemischt. Bei der motorischen Verbrennung wird er an den Ruß angelagert. Im Filter ergibt sich hierdurch eine Rußoberfläche, die mit Mischoxiden dotiert ist, welche die Zündtemperatur auf 450 bis 500 °C absenken. Die zuvor aufgezählten motorischen Maßnahmen können deshalb in ihrem Umfang reduziert werden. Nach der Rußoxidation bleibt das Metalloxid als Rückstand im Filter zurück und erhöht damit den Ascheanteil, der durch thermische Regeneration nicht entfernt werden kann. Herkömmliche Wandstromfilter müssen deshalb bei Additivbasierter Regeneration alle 120 000 bis 180 000 km (statt 250 000 km ohne Additivgestützte Regeneration) ausgebaut und mechanisch gereinigt werden.

2.3.6.12 Regeneration mit NO$_2$

NO$_2$ stellt ein sehr aktives Oxidationsmittel dar, das Ruß bereits ab Temperaturen von 250 bis 350 °C oxidiert. Diese Temperaturen werden bei Nfz-Anwendungen häufig und bei Pkw-Anwendungen beispielsweise bei Autobahnfahrten erreicht. Bei der Rußoxidation bildet sich NO.

$$2\,NO_2 + C \;\;\rightarrow\;\; 2\,NO + CO_2, \tag{2.1}$$

$$NO_2 + C \quad \rightarrow \quad NO + CO_2, \tag{2.2}$$

$$CO + NO_2 \quad \rightarrow \quad CO_2 + NO, \tag{2.3}$$

$$CO + 1/2\,O_2 \quad \rightarrow \quad CO_2. \tag{2.4}$$

Aus den Gleichungen ist erkennbar, dass für die vollständige Oxidation von Ruß die acht-fache Masse an NO_2 vorhanden sein muss. Sind die Temperatur und das Massenverhältnis ausreichend hoch ($T > 350$ °C), so wird im Durchschnitt genauso viel Ruß oxidiert, wie neuer Ruß abgeschieden wird. Man spricht dann von einem CRT®-Effekt (Continuously Regenerating Trap). Das erforderliche NO_2 wird zum Teil im vorgelagerten Oxidations-katalysator aus NO gebildet. In der Praxis wird stets ein gewisser Anteil des Rußes, ins-besondere in Hochlastphasen, durch den CRT®-Effekt oxidiert. Hierdurch können die Regenerationsintervalle vergrößert werden. Insbesondere für Pkw-Anwendungen ist je-doch die vollständige DPF-Regeneration durch Nutzung des CRT®-Effekts nicht für alle individuellen Fahrbedingungen erreichbar, sodass die oben erwähnten zusätzlichen akti-ven Regenerationsmaßnahmen vorgesehen werden müssen.

2.3.6.13 Katalytisch beschichtete Dieselpartikelfilter (cDPF: coated DPF/ catalyzed DPF)

Durch eine katalytische Beschichtung des Filters kann die Regenerationstemperatur geringfügig herabgesetzt werden. Der Effekt ist zwar wesentlich geringer als beim Einsatz von Kraftstoffadditiven, dafür entstehen andererseits keine Additivaschen. Die kata-lytische Beschichtung erfüllt zudem ähnliche Funktionen wie beim DOC:

- Oxidation von CO und HC,
- Oxidation von NO zu NO_2.

Wie beim DOC können auch am katalytisch beschichteten Partikelfilter HC und CO unter Wärmefreisetzung oxidiert werden. Der entstehende Temperaturhub wirkt in diesem Fall direkt an der Stelle, wo hohe Temperaturen zur Zündung des Rußes erforderlich sind. Die Wärmeverluste, die bei der Verwendung eines vorgelagerten katalytischen Brenners auf-treten, können vermieden werden. Wie beim katalytischen Brenner wird das erforderliche HC und CO entweder durch eine motorische Nacheinspritzung oder durch eine nach-motorische Dosiereinrichtung dem Abgasstrang zugeführt.

An der katalytischen Beschichtung wird außerdem NO zu NO_2 oxidiert. Dieses kann im geringen Umfang die Rußoxidation bei niedrigen Temperaturen unterstützen.

2.3.6.14 Aufbau eines DPF-Systems

Ein DPF-System besteht neben dem Partikelfilter aus weiteren Komponenten, Abb. 2.36:

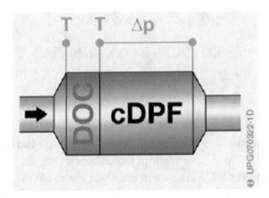

Abb. 2.36 Komponenten eines DPF-Systems: DOC = Oxidationskatalysator; cDPF = katalytisch beschichteter Dieselpartikelfilter. Sensoren: T = Temperatur; Δp = Differenzdruck

- **DOC**, der als katalytischer Brenner und zur Anhebung des NO_2-Anteils verwendet wird.
- **Temperatursensor vor DOC**. Er dient dazu, die HC-Umsatzfähigkeit am DOC („Light-off-Zustand") zu bestimmen.
- **Differenzdrucksensor**. Dieser misst die Druckdifferenz über den Partikelfilter, aus dem sich mit dem Abgasvolumenstrom der Strömungswiderstand errechnen lässt, der Aufschluss über den Beladungszustand des Filters mit Partikeln gibt.
- **Temperatursensor vor DPF**, der zur Bestimmung der DPF-Temperatur dient. Diese Temperatur ist wichtig, um die Regeneration zu steuern.

2.3.6.15 Steuergerätefunktionen

Ein DPF-System muss außerdem über geeignete Steuergerätefunktionen verfügen, welche die Regeneration steuern und überwachen (Abb. 2.37). Während der Beladungsphase muss zunächst der Beladungszustand des Partikelfilters erfasst werden (Beladungserkennung). Hierfür werden verschiedene Verfahren eingesetzt. Mithilfe des Differenzdrucksensors wird, wie oben beschrieben, der Strömungswiderstand bestimmt, der mit zunehmender Filterbeladung ansteigt. Die Korrelation zwischen Rußmenge und Strömungswiderstand wird durch den Einfluss der Morphologie (z. B. Gleichverteilung der Schichtdicke über den Filter, Porosität des Filtrats) der Rußschicht gestört, die von den zurückliegenden Betriebsbedingungen abhängt. Es wird deshalb zusätzlich die eingelagerte Rußmenge modellbasiert berechnet. Diese ergibt sich aus der Integration des berechneten motorischen Rußmassenstroms. Weiterhin wird der kontinuierliche Rußabtrag durch den CRT®-Effekt mit einbezogen.

Während der Regenerationsphase wird der Rußabbrand in Abhängigkeit von der Filtertemperatur und dem Sauerstoffmassenstrom berechnet. Ein sogenannter Koordinator bestimmt aus den in beiden Verfahren ermittelten Werten der Rußmasse die für die Regenerationsstrategie maßgebliche Rußmasse.

Mit der Regenerationsstrategie wird entschieden, wann eine Regeneration ausgelöst wird und welche Maßnahmen eingeleitet werden. In Abhängigkeit vom eingesetzten Ma-

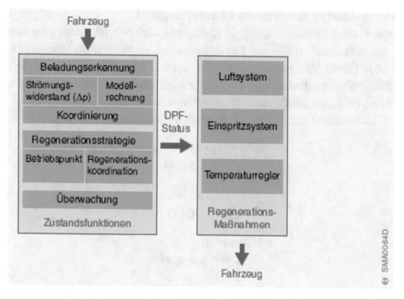

Abb. 2.37 Funktionen zur Steuerung eines DPF-Systems

terial wird ein Schwellenwert für die Rußmasse festgelegt, ab der eine Regeneration erfolgen soll, um eine thermische Schädigung des Substrats während der Regeneration zu verhindern. So ist es z. B. sinnvoll, eine Regeneration vorzuziehen, wenn besonders günstige Verhältnisse (z. B. Autobahnfahrt) vorliegen. Die Regenerationsstrategie legt in Abhängigkeit von der Rußmasse sowie des Motor- und Fahrzeugbetriebszustands fest, welche Regenerationsmaßnahmen durchgeführt werden. Diese werden als Statuswert den anderen Motorsteuerungsfunktionen übergeben. Zur Vermeidung unkontrollierter Überhitzungen im Filter oder eines unkontrollierten Regenerationsabbruchs wird die DPF-Temperatur während der Regeneration geregelt. Als Stellgrößen stehen der Einspritzverlauf und die Luftmasse zur Verfügung.

2.3.6.16 NO$_x$-Reduktionskatalysatoren

Ähnlich wie bei der Partikelminderung können nur einige der theoretisch denkbaren Verfahren zur NO$_x$-Minderung im Fahrzeug umgesetzt werden. Die bei Benzinmotoren erfolgreich eingesetzten Dreiwegekatalysatoren, bei denen NO$_x$ mit sehr hohem Umsatz bei $\lambda = 1$ mit HC und CO zu N$_2$, H$_2$O und CO$_2$ reagieren, lassen sich im mageren Dieselabgas nicht einsetzen. Hier konkurriert die gewünschte Reduktion von NO$_x$ mit der Reduktion des Restsauerstoffs, der in etwa 1000-fach höherer Konzentration vorliegt.

Im Markt eingeführt sind zwei grundlegend verschiedene Verfahren zur aktiven NO$_x$-Minderung: das SCR-Verfahren und der NO$_x$-Speicher- und Reduktionskatalysator (NSC) oder Kombinationen daraus.

2.3.6.17   Selektive katalytische Reduktion (SCR)

Beim SCR-Prozess (Selective Catalytic Reduction) wird NO_x an einem geeigneten Kata-lysator mit Ammoniak (NH_3) als Reduktionsmittel zu Stickstoff reduziert. Der SCR-Prozess ist in Großfeuerungsanlagen bewährt und bei Nutzfahrzeugen Stand der Technik. Die Einführung dieser Technologie im Pkw erfolgte erstmals 2008 und erfährt aufgrund stetig erhöhter Emissionsanforderungen zunehmende Verbreitung.

Die SCR-Reaktion läuft gemäß den folgenden Reaktionsgleichungen ab:

$$4\,NO + O_2 + 4\,NH_3$$
$$\rightarrow 4\,N_2 + 6\,H_2O \tag{2.5}$$

$$NO + NO_2 + 2\,NH_3$$
$$\rightarrow 2\,N_2 + 3\,H_2O \tag{2.6}$$

$$6\,NO_2 + 8\,NH_3$$
$$\rightarrow 7\,N_2 + 12\,H_2O. \tag{2.7}$$

Die Reaktion bzw. Oxidation des Reduktionsmittels Ammoniak mit Sauerstoff, was eine unerwünschte Nebenreaktion darstellt, findet am SCR-Katalysator bei den fahrzeug-üblichen Temperaturen unter 350 °C nicht statt. Bei den meisten Abgasbedingungen do-minieren die beiden ersten SCR-Reaktionen (Gl. 2.5) und (Gl. 2.6). Die erforderliche Reduktionsmittelmenge lässt sich dann direkt aus der gewünschten NO_x-Minderung be-rechnen. Bezogen auf ein Tankintervall würde sich ein beträchtlicher NH_3-Bedarf ergeben (je nach Rohemission ca. 0,3 bis 1 % der Kraftstoffmenge), dessen direkte Speicherung im Fahrzeug aufgrund der Toxizität von NH_3 sicherheitstechnisch bedenklich ist. NH_3 kann jedoch aus ungiftigen Trägersubstanzen wie Harnstoff oder Ammoniumcarbamat erzeugt werden. In den 90er-Jahren hat sich die europäische Automobilindustrie im Hinblick auf die Nutzung im Nfz auf die Verwendung einer 32,5-prozentigen wässrigen Harnstoff-lösung (Markenname AdBlue) geeinigt. Harnstoff wird großtechnisch als Düngemittel eingesetzt und ist chemisch bei Umweltbedingungen ausreichend stabil. Harnstoff ist außerdem gut in Wasser löslich und bildet als 32,5-prozentige Lösung ein eutektisches Gemisch, dessen Schmelzpunkt -11 °C beträgt.

Die Harnstoff-Wasser-Lösung wird vor dem SCR-Katalysator eingespritzt und der ent-haltene Harnstoff hydrolysiert im Abgastrakt bei Temperaturen ab etwa 180 °C in einem zweistufigen Prozess über Isocyansäure als Zwischenprodukt zu NH_3:

$$(NH_2)_2\,CO$$
$$\rightarrow NH_3 + HNCO \quad (\text{Thermolyse}) \tag{2.8}$$

$$HNCO + H_2O$$
$$\rightarrow NH_3 + CO_2 \quad (\text{Hydrolyse}) \tag{2.9}$$

In einer Nebenreaktion können aus der Isocyansäure feste Ablagerungen (Biuret und höhermolekulare Verbindungen) entstehen. Zur Vermeidung dieser festen Nebenprodukte ist es erforderlich, dass die Hydrolysereaktion (Gl. 2.9) durch die Wahl geeigneter Katalysatoren und genügend hoher Temperaturen (ab etwa 180 °C) ausreichend schnell erfolgt.

Das entstehende Ammoniak wird im SCR-Katalysator adsorbiert und steht dann für die SCR-Reaktionen zur Verfügung. Hohe Umsätze lassen sich mit NH_3 im Temperaturbereich von 180 bis 450 °C erreichen. Unter Berücksichtigung der vorgelagerten Hydrolysereaktion ist ein dauerhaft hoher Umsatz mit AdBlue erst ab ca. 200 °C möglich.

Bei niedrigen Temperaturen (< 250 °C) läuft die Reaktion überwiegend über die Gl. 2.6, die sogenannte „schnelle SCR" ab. Zur Steigerung des Umsatzes befindet sich deshalb vor dem SCR-Katalysator und stromauf der Eindosierstelle für AdBlue ein oxidierender Katalysator, der das NO_2/NO_x-Verhältnis auf idealerweise 50 % anhebt. Der oxidierende Katalysator kann entweder der DOC oder bevorzugt ein platinbeschichteter cDPF sein.

Die NO_x-Minderung ist über die SCR- und Hydrolysereaktionen direkt mit der eingespritzten AdBlue-Menge verbunden. Das Massenverhältnis aus AdBlue-Bedarf und NO_x-Minderung beträgt ca. 2 Gramm AdBlue pro Gramm NO_x. Das Dosierverhältnis α (auch „Feed-Verhältnis" genannt) ist definiert als das molare Verhältnis von zudosiertem NH_3-Äquivalent zu den im Abgas vorhandenen NO_x. Die theoretisch maximal mögliche NO_x-Minderung entspricht dem Dosierverhältnis α. Bei $\alpha = 1$ ist theoretisch eine vollständige NO_x-Beseitigung möglich. Wird über eine längere Dauer mit $\alpha > 1$ dosiert, so wird die Adsorptionsfähigkeit des Katalysators überschritten und nicht umgesetztes NH_3 verlässt den SCR-Katalysator (NH_3-Schlupf). NH_3 hat eine sehr niedrige Geruchsschwelle (15 ppm in Luft). Ein zu großer NH_3-Schlupf würde zu einer Geruchsbelästigung der Umgebung führen. Neben der Umsatzoptimierung, die durch ein möglichst großes Dosierverhältnis ermöglicht wird, muss deshalb auch auf einen möglichst kleinen NH_3-Schlupf geachtet werden. Neben der Schlupfbegrenzung durch ein genügend kleines Dosierverhältnis kann das entweichende NH_3 auch durch einen nachgeschalteten Oxidationskatalysator (Sperrkatalysator, NH_3-Schlupf-Katalysator) beseitigt werden.

In ausgeführten Systemen kann der erreichte Umsatz kleiner als das über das Dosierverhältnis definierte theoretische Umsatzpotenzial sein. Für diese Abweichung gibt es eine Reihe von möglichen Gründen:

Auch bei $\alpha < 1$ kann ein NH_3-Schlupf auftreten, wenn eine unzureichende Homogenisierung der AdBlue-Lösung im Abgas zu einer inhomogenen Reduktionsmittelkonzentration am Eintritt des SCR-Katalysators führt. Der erreichte NO_x-Umsatz wird um die durchtretende NH_3-Menge gemindert.

Bei einer unvollständigen Hydrolyse geht Reduktionsmittel durch die Bildung von organischen Ablagerungen für die SCR-Reaktion verloren.

Bei hohen Temperaturen kann ein Teil des NH_3 durch Oxidation mit Sauerstoff reagieren.

Ist das NO_2/NO_x-Verhältnis zu groß, so kann ein Teil des NO_2 gemäß Gl. 2.7 reagieren. Für diesen Anteil ist der NH_3-Bedarf um 30 % höher als bei Reaktion gemäß Gl. 2.5 und 2.6.

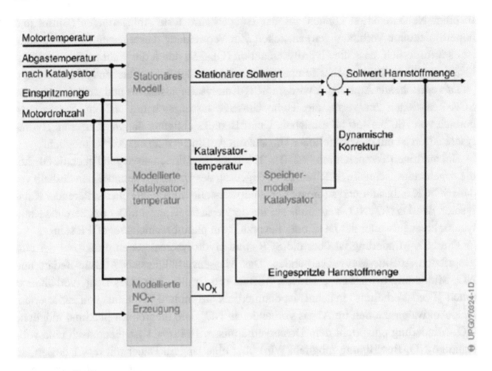

Abb. 2.38 Übersicht Dosierstrategie

2.3.6.18 Betriebsstrategie eines SCR-Katalysators

Um bei den im Fahrzeugbetrieb üblichen dynamischen Betriebsbedingungen einen hohen NO_x-Umsatz bei geringem NH_3-Schlupf (Hindurchtreten von NH_3 durch das Katalysator-system) zu erzielen, wird die optimale Dosiermenge modellbasiert berechnet (Abb. 2.38). Die über Motor- oder Fahrzeugversuche ermittelte Menge wird abhängig von folgenden Betriebsparamatern korrigiert:

- Motortemperatur zur Berücksichtigung der Betriebstemperatur auf die NO_x-Produktion,
- Betriebsstunden des Systems zur Berücksichtigung von Katalysatoralterung,
- Differenz zwischen stationärer Katalysatortemperatur und Abgastemperatur nach Kata-lysator zur Berücksichtigung dynamischer Betriebspunktwechsel.

Der SCR-Katalysator besitzt ein ausgeprägtes NH_3-Speichervermögen, das mit steigender Temperatur stark abnimmt. Das Speichervermögen hat einerseits den Vorteil, dass eine kurzzeitige Überdosierung von AdBlue nicht direkt zu einem NH_3-Schlupf führt und auch bei Temperaturen, die zu niedrig für eine Hydrolysereaktion sind, ein NO_x-Umsatz mit dem eingespeicherten NH_3 ablaufen kann. Auf der anderen Seite besteht durch die Temperaturabhängigkeit des Speichervermögens die Gefahr, dass bei zu schnellen Temperaturerhöhungen ein Teil des adsorbierten NH_3 desorbiert, was zu einem NH_3-

Schlupf führt. Zur Beherrschung dieser Eigenschaft besitzt eine erweiterte Dosierstrategie ein Speichermodell, das die Speicherfähigkeit und den Speicherzustand des SCR-Katalysators berücksichtigt. Der Speicherzustand des SCR-Katalysators wird durch die eindosierte Reduktionsmittelmenge erhöht und durch den NO_x-Umsatz und den auftretenden NH_3-Schlupf verringert. Ziel ist es, einen hohen NO_x-Umsatz mit einem temperaturabhängig optimalen Speicherzustand zu erreichen. In Phasen abnehmender Speicherfähigkeit wird deshalb die Dosiermenge gegenüber der Dosierung mit konstantem Dosierverhältnis verringert, bei abnehmender Temperatur erhöht.

Ein hoher Umsatz mit geringem NH_3-Schlupf ist nur möglich, wenn die Berechnung des Speicherzustands korrekt ist. In realen Systemen führen Drifts in der Reduktionsmitteldosierung und Abweichungen in der NO_x-Rohemission dazu, dass der berechnete Speicherzustand vom realen Zustand abweicht, was entweder in einem zu geringen NO_x-Umsatz oder bei hohen Dosierverhältnissen zu einem kontinuierlichen NH_3-Schlupf führen würde. Höchste Umsätze können erreicht werden, wenn die NO_x- und NH_3-Konzentration nach SCR-Katalysator gemessen werden und die Dosierung entsprechend nachgeregelt wird.

2.3.6.19 Aufbau eines SCR-Systems
Ein vollständiges AdBlue-SCR-System umfasst neben dem SCR-Katalysator folgende Komponenten und Teilsysteme (Abb. 2.39):

- **DOC** oder cDPF zur Erhöhung des NO_2/NO_x-Verhältnisses,
- **Temperatursensor** vor SCR-Katalysator zur Bestimmung der SCR-Temperatur,

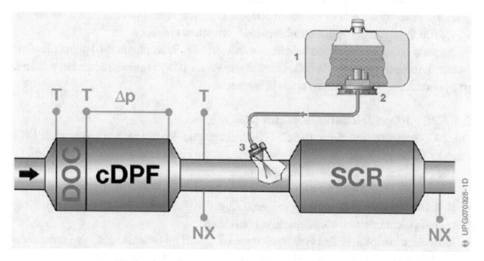

Abb. 2.39 Komponenten eines SCR-Systems: 1 = Reduktionsmitteltank; 2 = Fördermodul; 3 = Dosiermodul; DOC = Oxidationskatalysator; cDPF = katalytisch beschichteter Dieselpartikelfilter; SCR = Katalysator zur Selektiven Katalytischen Reduktion. Sensoren: T = Temperatur; Δp = Differenzdruck; NX = Stickoxid

- **NO$_x$-Sensor vor SCR** zur Verbesserung der Regelgüte,
- **NO$_x$-Sensor nach SCR** zur Bestimmung der NO$_x$-Konzentration und bei geeigneter Querempfindlichkeit der NH$_3$-Konzentration,
- **Tanksystem** zur Speicherung der Harnstoff-Wasser-Lösung, einem integrierten Füllstandsensor und einer Heizung, einem Temperatursensor (optional) und einem Qualitätssensor (optional),
- **Fördermodul (FM)** bestehend aus einer Pumpe, welche die Harnstoff-Wasser-Lösung vom Tank zum Dosiermodul fördert. Bei einer luftunterstützten Gemischbildung wird außerdem mit einem Luftregelventil und einem Luftdrucksensor ein geeigneter Luftmassenstrom vom Luftvorratsbehälter (Nfz-System) zum Dosiermodul eingestellt.
- **Dosiermodul**, in dem durch ein Magnetventil eine exakte Menge an Harnstoff-Wasser-Lösung eingestellt wird. In einem luftunterstützten System gelangt diese Menge zusammen mit der Druckluft in eine Mischkammer, von wo aus eine Leitung das Aerosol zur Eindosierstelle im Abgasrohr transportiert. In Systemen ohne Luftunterstützung erfolgen die Zerstäubung und Gemischbildung über eine entsprechende Düse direkt am Abgasrohr.
- **Steuerungseinheit**, welche die Sensoren ausliest und gemäß der Dosierstrategie die entsprechenden Aktoren ansteuert. Gleichzeitig werden die Komponenten über entsprechende Diagnosefunktionen überwacht. Die Kommunikation mit dem Motorsteuergerät erfolgt über einen CAN-Bus.

Das Volumen des SCR-Katalysators hängt u. a. vom Abgasmassenstrom, Abgastemperatur, Abgaszusammensetzung ab (typischerweise $V_{SCR}/V_{Hub} = 1{,}5 \dots 2{,}5$). Im praktischen Einsatz kann in einem weiten Temperaturbereich (insbesondere bei mittleren und hohen Abgastemperaturen) bei einem mittleren NH$_3$-Schlupf von < 10 ppm ein NO$_x$-Umsatz von $95 \dots 100$ % (abhängig vom Betriebszustand) erreicht werden.

Im praktischen Einsatz kann bei einem mittleren NH$_3$-Schlupf von < 10 ppm über einen weiten Temperaturbereich ein NO$_x$-Umsatz von $95 \dots 100$ % (insbesondere bei mittleren und hohen Abgastemperaturen) erreicht werden.

2.3.6.20 NO$_x$-Speicherkatalysator (NSC)

Der NO$_x$-Speicherkatalysator (NSC, NO$_x$ Storage and Reduction Catalyst; auch LNT, Lean NO$_x$ Trap) ermöglicht die NO$_x$-Minderung ohne einen zusätzlichen Betriebsstoff.

Die NO$_x$-Reduktion erfolgt dabei in zwei Schritten:

- **Beladungsphase**: NO$_x$ wird im mageren Abgas in die Speicherkomponente des Katalysators kontinuierlich eingespeichert (Abb. 2.40).
- **Regenerationsphase**: Das eingespeicherte NO$_x$ wird im fetten Abgas, also unter reduzierenden Bedingungen, periodisch regeneriert und zu N$_2$ reduziert (Abb. 2.41).

Die Beladungsphase dauert betriebspunktabhängig etwa 30 bis 300 s, die Regenerationsphase etwa 2 bis 10 s. Durch diese Betriebsweise werden die zu reduzierenden Stickoxide

Abb. 2.40 Mechanismus der NO$_x$-Einspeicherung in einem NO$_x$-Speicherkatalysator (Magerbetrieb): **a** NO → NO$_2$ Oxidation an Platin, O$_2$-Speicherung an Cerverbindungen, SO$_2$ → SO$_3$ Oxidation an Platin; **b** NO$_2$-Speicherung ausgehend von Bariumcarbonat BaCO$_3$ als Bariumnitrat Ba(NO$_3$)$_2$, SO$_3$-Speicherung als Bariumsulfalt BaSO$_4$. Temperatur: 250 °C ≤ T ≤ 450 °C

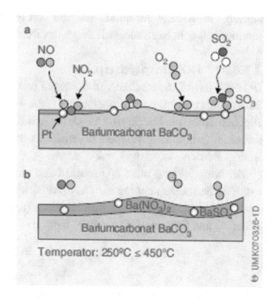

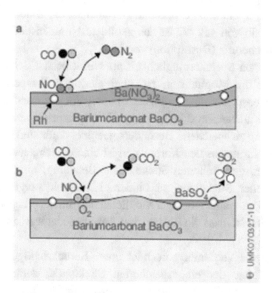

Abb. 2.41 Mechanismus der Regeneration eines NO$_x$-Speicherkatalysators (Fettbetrieb): **a** Reaktion des Bariumnitrats unter Freisetzung von NO, Reduktion von NO mit CO zu N$_2$ an Rhodium, Wiederherstellung des Bariumcarbonats zur erneuten Speicherung; **b** Aufoxidation von HC und CO durch gespeicherten Sauerstoff (um HC/CO-Durchbrüche im Fettbetrieb zu vermeiden), bei höheren Temperaturen erfolgt Entschwefelung durch Reduktion des Bariumsulfats

zunächst im Katalysator aufkonzentriert und in der sehr kurzen Regenerationsphase zusammen mit dem Restsauerstoff durch das Reduktionsmittel reduziert.

2.3.6.21 NO$_x$-Einspeicherung

Der NSC ist mit chemischen Verbindungen beschichtet, die eine hohe Neigung haben, mit Stickoxiden unter Sauerstoffüberschuss feste, aber chemisch reversible Verbindungen einzugehen. Beispiele hierfür sind die Oxide und Karbonate der Alkali- und Erdalkalimetalle, wobei aufgrund des Temperaturverhaltens typischerweise Bariumverbindungen verwendet werden.

Zur Nitratbildung muss NO schrittweise oxidiert werden. NO wird zunächst an einer katalytischen Beschichtung zu NO$_2$ oxidiert. Das NO$_2$ reagiert anschließend mit den Speicherverbindungen in der Beschichtung (z. B. Bariumcarbonat BaCO$_3$ als Speichermaterial) und Sauerstoff (O$_2$) zum Nitrat:

$$BaCO_3 + 2NO_2 + 1/2O_2 \rightleftharpoons Ba(NO_3)_2 + CO_2 \tag{2.10}$$

Der NO$_x$-Speicherkatalysator speichert so die vom Motor emittierten Stickoxide ein. Eine effektive Speicherung ist nur in einem materialabhängigen Temperaturintervall des Abgases zwischen ca. 250 und 450 °C optimal. Darunter ist die Oxidation von NO zu NO$_2$ sehr langsam, oberhalb von 450 °C ist das gebildete Nitrat instabil und es kommt zur thermischen Ausspeicherung (Desorption) von NO$_x$.

Neben der genannten Speichermöglichkeit als Nitrat besitzt der Katalysator auch in begrenztem Umfang die Möglichkeit, NO$_x$ bei niedrigen Temperaturen in einer sogenannten Oberflächenspeicherung zu binden. Dieser Speicher reicht aus, um beispielsweise während der Kaltstartphase bei geringen Katalysatortemperaturen Stickoxide im ausreichenden Umfang zu speichern. Besonders geeignet dafür sind Ceroxide.

Die Bildung der Nitrate aus den Karbonaten ist eine Gleichgewichtsreaktion. Mit zunehmender Menge an gespeicherten Stickoxiden (Beladung) nimmt die Fähigkeit des Katalysators ab, weiter Stickoxide zu binden. Hierdurch steigt die durchgelassene NO$_x$-Menge mit der Zeit an. Es gibt zwei Möglichkeiten, um zu erkennen, wann der Katalysator so weit beladen ist, dass die Einspeicherphase beendet werden muss:

- Ein modellgestütztes Verfahren berechnet unter Berücksichtigung des Katalysatorzustandes die Menge der eingespeicherten Stickoxide, daraus das verbleibende Speichervermögen, den Einspeicherwirkungsgrad und damit die Menge der durchgelassenen NO$_x$.
- Ein NO$_x$-Sensor hinter dem NO$_x$-Speicherkatalysator misst NO$_x$ im Abgas und bestimmt so den aktuellen Füllgrad.

Zur Begrenzung des NO$_x$-Durchtritts muss der Speicherkatalysator nach der Einspeicherphase regeneriert werden.

2.3.6.22 Regeneration des NSC

Bei der Regeneration werden die eingelagerten Stickoxide aus der Speicherkomponente ausgespeichert (desorbiert) und in die unbedenklichen Komponenten Stickstoff und Kohlendioxid konvertiert. Die Vorgänge für die Regeneration des NO_x und die Konvertierung laufen getrennt ab.

Dazu muss im Abgas ein Sauerstoffmangel ($\lambda < 1$, auch „fette Abgasbedingung" genannt) eingestellt werden. Als Reduktionsmittel dienen die im Abgas vorhandenen Stoffe Kohlenmonoxid (CO) und Kohlenwasserstoffe (HC). Die Regeneration – im Folgenden beispielhaft mit CO als Reduktionsmittel dargestellt – geschieht in der Weise, dass das CO das Nitrat (z. B. Bariumnitrat, $Ba(NO_3)_2$) zu NO reduziert und zusammen mit Barium wieder das ursprünglich vorliegende Karbonat bildet.

$$Ba\left(NO_3\right)_2 + 3CO \rightarrow BaCO_3 + 2NO + 2CO_2 \tag{2.11}$$

Dabei entstehen CO_2 und NO. Eine Rhodium-haltige Beschichtung reduziert anschließend die Stickoxide in einer vom Dreiwegekatalysator bekannten Weise mittels CO zu N_2 und CO_2:

$$2NO + 2CO \rightarrow N_2 + 2CO_2 \tag{2.12}$$

Mit zunehmendem Fortschritt der Regeneration wird weniger Stickoxid gebildet und damit weniger Reduktionsmittel verbraucht.

Es gibt zwei Verfahren, um das Ende der Ausspeicherphase zu erkennen:

- Das modellgestützte Verfahren berechnet die Menge der noch im NO_x-Speicherkatalysator vorhandenen Stickoxide.
- Eine λ-Sonde hinter dem Katalysator misst den Sauerstoffüberschuss im Abgas und zeigt durch eine Spannungsänderung infolge CO-Durchbruch an, wenn die Regeneration beendet ist.

Die für die Regeneration erforderlichen fetten Betriebsbedingungen ($\lambda < 1$) können beim Dieselmotor durch Späteinspritzung und Ansaugluftdrosselung eingestellt werden. Aufgrund der Drosselverluste und der nicht wirkungsgradoptimalen Kraftstoffeinbringung wird der Motor während der Regenerationsphase mit einem schlechteren Wirkungsgrad (unter Kraftstoffmehrverbrauch) betrieben. Bei der Umschaltung von Mager- auf Fettbetrieb sind uneingeschränkte Fahrbarkeit sowie Konstanz von Drehmoment, Ansprechverhalten und Geräusch zu gewährleisten.

2.3.6.23 Desulfatisierung von NO_x-Speicherkatalysatoren

Eine Herausforderung bei NO_x-Speicherkatalysatoren ist ihre hohe Schwefelempfindlichkeit. Die Schwefelverbindungen im Kraftstoff und Schmieröl werden bei der Verbrennung zu Schwefeldioxid (SO_2) oxidiert. Die im NSC eingesetzten Verbindungen zur Nitratbildung (BaCO$_3$) besitzen eine sehr große Bindungsstärke (Affinität) zum Sulfat, welche die Bindungsstärke des Nitrats übersteigt, d. h., SO$_2$ wird bevorzugt eingespeichert. Die Sulfate werden bei einer normalen NO$_x$-Regeneration nicht entfernt, sodass die Menge des gespeicherten Sulfats während der Betriebsdauer allmählich ansteigt. Dadurch sind weniger Speicherplätze für die NO$_x$-Speicherung vorhanden und der NO$_x$-Umsatz nimmt ab. Speicherkatalysatoren erfordern deshalb die Verwendung von schwefelfreiem Kraftstoff ($\leq$ 10 ppm Schwefelgehalt).

Selbst beim Betrieb mit einem Schwefelgehalt von 10 ppm im Kraftstoff wird wegen der abnehmenden NO$_x$-Speicherfähigkeit nach einer Fahrstrecke zwischen 500 und 2500 km eine Schwefelregeneration (Desulfatisierung) erforderlich. Hierfür wird der Katalysator für eine Dauer von mehr als 5 min auf typischerweise über 650 °C aufgeheizt und mit Pulsen von fettem Abgas (λ < 1) beaufschlagt. Die möglichen Maßnahmen zur Temperaturerhöhung entsprechen dabei denjenigen zur DPF-Regeneration. Durch diese Bedingungen wird das Bariumsulfat unter z. B. SO$_2$-Bildung zersetzt und wieder zu Bariumcarbonat umgewandelt. Bei der Desulfatisierung ist durch eine geeignete Prozessführung (z. B. oszillierendes λ um 1) darauf zu achten, dass das ausgespeicherte SO$_2$ nicht durch Mangel an Restsauerstoff zu Schwefelwasserstoff (H$_2$S) reduziert wird (alternativ muss ein entsprechender „Sperrkatalysator" vorgesehen werden).

Die bei der Desulfatisierung eingestellten Bedingungen müssen außerdem so gewählt werden, dass die Katalysatoralterung nicht übermäßig erhöht wird. Hohe Temperaturen (typischerweise > 750 °C) beschleunigen zwar die Desulfatisierung, bedingen aber auch eine verstärkte Katalysatoralterung. Eine katalysatoroptimierte Desulfatisierung muss deshalb in einem begrenzten Temperatur- und Luftzahlfenster erfolgen und dabei den Fahrbetrieb des Fahrzeugs nicht beeinträchtigen.

2.3.6.24 Aufbau eines NSC-Systems

Ein NSC-System besteht neben dem Speicherkatalysator aus weiteren Komponenten (Abb. 2.42):

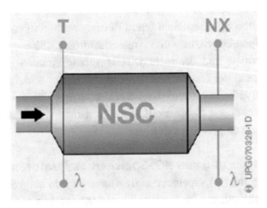

Abb. 2.42 Komponenten eines NSC-Systems: NSC NOx-Speicherkatalysator. Sensoren: T = Temperatur; λ = Sauerstoffkonzentration; NX = Stickoxid

- **Temperatursensor vor NSC** zur Bestimmung der Katalysatortemperatur,
- **Breitband-λ-Sonde vor NSC** zur Bestimmung des Sauerstoffgehalts im Abgas,
- **NO$_x$-Sensor nach NSC** zur Bestimmung der NO$_x$-Konzentration und des aktuellen Füllgrads,
- **Breitband-λ-Sonde nach NSC** zur Messung des Sauerstoffüberschusses im Abgas und Anzeige des Ausspeicherungsendes.

2.3.6.25 Auslegung von NO$_x$-Speicherkatalysatoren

Für die Auslegung von Speicherkatalysatoren ist vor allem der Einspeichervorgang von Bedeutung. Die Einspeichereffizienz hängt von der Katalysatortemperatur, der Edelmetallbeladung, der Raumgeschwindigkeit und der verfügbaren Speichermenge ab. Das Verhältnis aus Katalysatorvolumen zu Hubraum (V_{NSC}/V_{Hub}) beträgt typischerweise 0,8 bis 1,5. Die effiziente Oxidation von NO über NO$_2$ zum Nitrat und die möglichst vollständige Nutzung der HC-Verbindungen bei der Regeneration erfordern eine hohe Edelmetallbeladung von etwa 100 g/ft^3 ($\approx$ 3,5 g/dm^3). Gelingt es, den NSC möglichst motornah anzubringen, so kann er die Funktionen des DOC übernehmen, sodass diese Komponente entfallen kann. NSC-Katalysatoren erlauben eine NO$_x$-Minderung von 50 bis 80 %.

2.3.6.26 Vergleich der NO$_x$-Minderungssysteme

Reine NSC- und SCR-Systeme unterscheiden sich durch eine Vielzahl von Eigenschaften. Die Entscheidung, welches System in einem Fahrzeug eingesetzt werden soll, hängt stark von den Anforderungen und Rahmenbedingungen ab. Wesentliche entscheidungsrelevante Unterschiede sind:

- Der bei vergleichbarem Reduktionsmitteleinsatz maximal erreichbare Wirkungsgrad eines SCR-Systems ist im Allgemeinen größer als der eines reinen NSC-Systems.
- SCR-Systeme benötigen einen weiteren Betriebsstoff (Zusatztank, Infrastruktur).
- Die hubraumproportionalen Katalysatorkosten sind bei SCR-Systemen geringer als bei NSC-Systemen, dafür entstehen Zusatzkosten für das Harnstoff-Dosiersystem.
- Beim SCR-System wird AdBlue verbraucht (ca. 2 bis 4 % pro Liter Kraftstoff bei Pkw; abhängig von NO$_x$-Rohemission und individueller Fahrweise), beim NSC-System kommt es je nach gewünschter NO$_x$-Minderung und Systemauslegung zu einem Kraftstoffmehrverbrauch von 2 bis 4 %.

2.3.7 Systemintegration

Im Hinblick auf eine hohe Leistungsfähigkeit des Abgasnachbehandlungssystems ist eine motornahe, d. h. temperaturgünstige Anordnung von Partikelfilter und SCR-Katalysator anzustreben. Diese Forderung führt zu kompakten, SCR-basierten Abgasnachbehandlungssystemen, bestehend aus Partikelfilter mit SCR-Beschichtung. Dadurch wird die Ansprungtemperatur des SCR-Katalysators schneller überschritten, was sich günstig auf die

Kaltstartemissionen auswirkt. Aufgrund des höheren Temperaturniveaus werden auch im kalten Motorbetrieb bei niedriger Last hohe NO_x-Umsätze erreicht.

Der motornahe Anbau mit seinen extrem kurzen Mischstrecken (< 10 cm) und komplex geformten Bauteilgeometrien stellt dabei hohe Anforderungen an die Vermischung (Homogenisierung) von Abgas und Reduktionsmittel.

Literatur

1. Pischinger, S.: Verbrennungsmotoren. Vorlesungsumdruck RWTH Aachen (2001)
2. Graf, A.; Obländer, P.; Schweinle, G.: Grenzwerte, Vorschriften und Messung der Abgas-Emissionen sowie Berechnung des Kraftstoffverbrauchs aus dem Abgastest. DaimlerChrysler Abgasbroschüre (2005)
3. Zeldovich, Y.B.: Zhur. Tekhn. Fiz. Vol. 19, NACA Tech Memo 1296, S. 1199. (1950)
4. Hohenberg, G.: Partikelmessverfahren. Abschlussbericht zum Forschungsvorhaben BMWi/AiF 11335 (2000)
5. Pischinger, S. et al.: Reduktionspotential für Ruß und Kohlenmonoxid zur Vermeidung des CO-Emissionsanstiegs bei modernen PKW-DI-Dieselmotoren mit flexibler Hochdruckein-spritzung. 13. Aachener Kolloquium Fahrzeug- und Motorentechnik, S. 253 ff. (2004)
6. Muncrief, R. Comparing Real-World Off-Cycle NOx Emissions Control in Euro IV, V, and VI. http://www.theicct.org/comparing-real-world-nox-euro-iv-v-vi-mar2015 (zugegriffen 22. Juni 2016) (International Council on Clean Transportation, 2015)

Emissionsgesetzgebung und Abgasmesstechnik

3

Melanie Flämig, Bernd Hinner, Michael Bender und Markus Willimowski

3.1 Emissionsgesetzgebung

3.1.1 Prüfverfahren

Nach den USA haben die Staaten der EU und Japan eigene Prüfverfahren zur Abgaszertifizierung von Kraftfahrzeugen entwickelt. Andere Staaten haben diese Verfahren in gleicher oder modifizierter Form übernommen. Je nach Fahrzeugklasse und Zweck der Prüfung werden drei vom Gesetzgeber festgelegte Prüfungen angewendet:

- Typprüfung (Type Approval, TA) zur Erlangung der allgemeinen Betriebserlaubnis,
- Serienprüfung als stichprobenartige Kontrolle der laufenden Fertigung durch die Abnahmebehörde (Conformity of Production, COP) und
- Feldüberwachung (In-Use Compliance, IUC) zur Überprüfung bestimmter Abgaskomponenten von in Betrieb befindlichen Fahrzeugen.

3.1.2 Typprüfung

Typprüfungen sind eine Voraussetzung für die Erteilung der allgemeinen Betriebserlaubnis für einen Fahrzeug- und Motortyp. Mit der Einholung der Typgenehmigung muss der Hersteller belegen bzw. bestätigen, dass die materiellen gesetzlichen Anforderungen eingehalten werden. Zu diesen materiellen Anforderungen gehören die Abgasemissionsvorschriften.

M. Flämig · B. Hinner (✉) · M. Bender · M. Willimowski
Robert Bosch GmbH, Stuttgart, Deutschland
E-Mail: Bernd.Hinner@de.bosch.com

© Springer Fachmedien Wiesbaden GmbH, ein Teil von Springer Nature 2023
K. Reif (Hrsg.), *Abgastechnik für Dieselmotoren*, Motorsteuerung lernen,
https://doi.org/10.1007/978-3-658-38722-8_3

Seit Inkrafttreten der ersten Abgasgesetzgebung für Ottomotoren Mitte der 1960er-Jahre in Kalifornien wurden dort die zulässigen Grenzwerte für die verschiedenen Schadstoffe immer weiter reduziert. Mittlerweile haben alle Industriestaaten Abgasgesetze eingeführt, die die Grenzwerte für Otto- und Dieselmotoren sowie die Prüfmethoden festlegen.

Es gibt im Wesentlichen folgende Abgasgesetzgebungen:

- CARB-Gesetzgebung (California Air Resources Board), Kalifornien
- EPA-Gesetzgebung (Environmental Protection Agency), USA
- EU-Gesetzgebung (Europäische Union) und
- Japan-Gesetzgebung.

Insbesondere müssen Prüfzyklen unter definierten Randbedingungen gefahren und Emissionsgrenzwerte eingehalten werden. Die Prüfzyklen (Testzyklen) und die Emissionsgrenzwerte sind länderspezifisch festgelegt.

3.1.3 Klasseneinteilung und Emissionsprüfung

In Staaten mit Kfz-Abgasvorschriften besteht eine Unterteilung der Fahrzeuge in verschiedene Klassen:

- Pkw: Die Emissionsprüfung erfolgt auf einem Fahrzeug-Rollenprüfstand. In Europa werden zusätzlich Fahrten im realen Straßenverkehr vorgesehen (Real Driving Emissions, RDE).
- Leichte Nutzfahrzeuge: Je nach nationaler Gesetzgebung liegt die Obergrenze des zulässigen Gesamtgewichts bei 3,5 … 6,35 t. In der Regel werden leichte Nfz auf einem Fahrzeug-Rollenprüfstand geprüft. In Europa wird seit Inkrafttreten der Euro-5-Norm nicht mehr das zulässige Gesamtgewicht, sondern die Referenzmasse (fahrbereites Fahrzeug mit Betriebsflüssigkeiten) als Kriterium für Rollen- oder Motorzertifizierung herangezogen.
- Schwere Nutzfahrzeuge: Zulässiges Gesamtgewicht über 3,5 … 6,35 t. Hier erfolgt die Emissionsprüfung i. d. R. auf dem Motorenprüfstand. In Europa ist seit Inkrafttreten der Euro-6-Norm eine stichprobenartige Nachprüfung von bereits in Betrieb befindlichen Nutzfahrzeugen im Straßenverkehr erforderlich (Feldüberwachung). Diese Feldüberwachung in Europa erfolgt durch RDE-Prüfungen.
- Non-Road-Anwendungen (z. B. Baufahrzeuge, Land- und Forstwirtschaft, Lokomotivmotoren, Kühl- oder Notstromaggregate etc.): Emissionsprüfung auf dem Motorenprüfstand. Für Anwendungen auf Basis der europäischen Emissionsstufe V werden Feldüberwachungen durch RDE-Prüfungen vorgesehen.

3.1.4 Testzyklen

Für Pkw und leichte Nfz sind länderspezifisch unterschiedliche dynamische Testzyklen vorgeschrieben, die sich entsprechend ihrer Entstehungsart unterscheiden:

- aus Aufzeichnungen tatsächlicher Straßenfahrten des Berufsverkehrs abgeleitete Testzyklen, z. B. FTP-Testzyklus (Federal Test Procedure) in den USA, und
- aus Abschnitten mit konstanter Beschleunigung und Geschwindigkeit konstruierte (synthetisch erzeugte) Testzyklen, z. B. in der EU der neue realistischere Testzyklus WLTC (Worldwide Harmonised Light-Duty Test Cycle) samt dazugehöriger Testprozedur (WLTP, World Harmonised Light-Duty Test Procedure). Ganz neu ist die Emissionsprüfung mit realer Straßenfahrt (RDE, Real Driving Emissions).

Zur Bestimmung der ausgestoßenen Schadstoffmassen wird der durch den Testzyklus festgelegte Geschwindigkeitsverlauf nachgefahren. Während der Fahrt wird das Abgas gesammelt und nach Ende des Fahrprogramms hinsichtlich der Schadstoffmassen analysiert.

Für schwere Nutzfahrzeuge werden auf dem Motorenprüfstand stationäre Abgastests (z. B. Worldwide Harmonised Stationary Cycle, WHSC) oder dynamische Tests (Worldwide Harmonised Tansient Cycle (WHTC) in Europa bzw. der Heavy-Duty Diesel Transient Cycle (HDDTC) in USA) gefahren. Darüber hinaus werden auch Tests mit willkürlichen oder zufälligen Messpunkten innerhalb eines definierten Motorkennfeldes gefahren (Not-To-Exceed-Zone, NTE). Auch für Non-Road-Anwendungen kommen stationäre und transiente Motorentests zur Anwendung (Non-Road Stationary Cycle (NRSC) und Non-Road Transient Cycle (NRTC) in Europa und den USA) sowie NTE-Prüfungen.

Die einzelnen Testzyklen werden am Ende des Kapitels dargestellt.

3.1.5 Serienprüfung

In der Regel führt der Hersteller selbst die Serienprüfung als Teil der Qualitätskontrolle während der Fertigung durch. Dabei werden im Wesentlichen die gleichen Prüfverfahren und Grenzwerte angewandt wie bei der Typprüfung. Die Zulassungsbehörde kann beliebig oft Nachprüfungen anordnen. Die EU-Vorschriften und ECE-Richtlinien (Economic Commission for Europe) berücksichtigen die Fertigungsstreuung durch Stichprobenmessung an drei bis maximal 32 Fahrzeugen. Die schärfsten Anforderungen werden in den USA gestellt, wo insbesondere in Kalifornien eine annähernd lückenlose Qualitätsüberwachung verlangt wird.

3.1.6 Feldüberwachung

Für die Überprüfung der dauerhaften Einhaltung von Emissionsvorschriften werden Schadstoffkontrollen an bereits im Fahrbetrieb befindlichen und stichprobenartig ausgewählten Fahrzeugen vorgenommen. Laufleistung und Alter müssen innerhalb festgelegter Grenzen liegen. Das Verfahren der Emissionsprüfung ist gegenüber der Typprüfung vereinfacht.

3.2 Gesetzgebung für Personenkraftwagen und leichte Nutzfahrzeuge

3.2.1 CARB-Gesetzgebung (Pkw und leichte Nutzfahrzeuge)

Die Abgasgrenzwerte der kalifornischen Abgasgesetzgebung werden durch die Luftreinhaltebehörde California Air Resources Board (CARB) geregelt. Für Pkw und leichte Nutzfahrzeuge (Light-Duty Trucks, LDT) gibt es nachfolgende Emissionsnormen (Low Emission Vehicles, LEV, Abb. 3.1):

- LEV I: für Pkw und leichte Nfz bis 6000 lb (1 lb = 0,454 kg) zulässiges Gesamtgewicht für die Modelljahre 1994 bis 2003

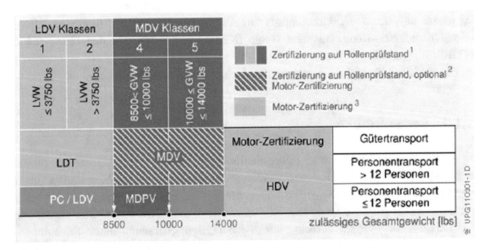

Abb. 3.1 USA CARB: Fahrzeugklasseneinteilung Pkw, leichte und schwere Nutzfahrzeuge: 1 = Pkw, leichte Nfz: GVW ≤ 8500 lb; MDPV: 8500 < GVW ≤ 10.000 lb; MDV: 8500 < GVW ≤ 14.000 lb; 2 = MDV: 8500 < GVW ≤ 14.000 lb; 3 = HDV, Busse: GVW > 14.000 lb; LDV = Light-Duty Vehicle; LDT = Light-Duty Truck; MDV = Medium-Duty Vehicle; MDPV = Medium-Duty Passenger Vehicle; HDV = Heavy-Duty Vehicle; LVW = Loaded Vehicle Weight (Leergewicht + 300 lb); GVW = Gross Vehicle Weight (zulässiges Gesamtgewicht)

- LEV II: Fahrzeuge bis 14.000 lb zulässiges Gesamtgewicht für die Modelljahre 2004 bis 2015
- LEV III: Phase-in Einführungszeitraum 2015–2025

3.2.1.1 Grenzwerte

Die CARB-Gesetzgebung legt Grenzwerte fest für

- Stickoxide (NO_x),
- Partikelmasse (PM) Diesel: seit LEV I; Otto: seit LEV II,
- nicht methanhaltige organische Gase (NMOG),
- Formaldehyd (HCHO), nur LEV II,
- Kohlenmonoxid (CO).

Die Schadstoffemissionen werden im FTP-75-Fahrzyklus (Federal Test Procedure) ermittelt. Die Grenzwerte sind auf die Fahrstrecke bezogen und in Gramm pro Meile (g/mi) festgelegt. Im Zeitraum 2001 bis 2004 wurde der SFTP-Standard (Supplement Federal Test Procedure) mit weiteren Testzyklen eingeführt. Dafür gelten weitere Grenzwerte, die zusätzlich zu den FTP-Grenzwerten einzuhalten sind.

3.2.1.2 Abgaskategorien

Der Automobilhersteller kann innerhalb der zulässigen Grenzwerte und unter Einhaltung des Flottendurchschnitts unterschiedliche Fahrzeugkonzepte einsetzen, die nach ihren Emissionswerten für NMOG-, CO-, NO_x- und Partikelemissionen in folgende Zertifizierungskategorien eingeteilt werden:

LEV I (ab Modelljahr '94, Phase-out '04–'10)
- Tier 1 (Entfall ab MY '04)
- TLEV (Entfall ab MY '04)
- LEV (Low Emission Vehicle, d. h. Fahrzeuge mit niedrigen Abgas- und Verdunstungsemissionen)
- ULEV (Ultra-Low Emission Vehicle)
- SULEV (Super Ultra-Low Emission Vehicle)

LEV II (Phase-in '04–'10)
- LEV
- ULEV
- SULEV

Zusätzlich zu den Kategorien von LEV I und LEV II sind zwei Kategorien von emissionsfreien bzw. nahezu emissionsfreien Fahrzeugen definiert:

- ZEV (Zero-Emission Vehicle, d. h. Fahrzeuge ohne Abgas- und Verdunstungsemissionen) und
- PZEV (Partial ZEV, entspricht im Wesentlichen SULEV, jedoch höhere Anforderungen
  bezüglich Verdunstungsemissionen und Dauerhaltbarkeit).

Mit Inkrafttreten der CARB-LEV-III-Gesetzgebung (Phase-in: 2015–2025) werden die
Dauerhaltbarkeitsanforderung auf 150.000 Meilen gesteigert (LEV II: 120.000 Meilen)
und weitere Absenkungen des Flottendurchschnitts mit Einführung eines Summenwertes
aus NMOG und NO_x gefordert.

Zusätzlich stehen drei weitere Fahrzeugkategorien mit reduzierten Schadstofflimits zur
Auswahl:

- ULEV 70
- ULEV 50
- SULEV 20

Die bisherigen Fahrzeugkategorien der LEV-II-Gesetzgebung stehen weiterhin zur Auswahl, diese werden aber innerhalb LEV III als Summenwert (NMOG und NO_x) formuliert.

Auch die Grenzwerte für die Partikelmasseemission wurden bei der Umstellung von
LEV II (PM 10 mg/mi) auf LEV III (PM 3 mg/mi) abgesenkt. Die Unterschiede zwischen
LEV II und LEV III sind im Wesentlichen:

LEV II
- NMOG-Flottenwerte, Fahrzeugkategorien mit separaten Limits für NMOG sowie NO_x
- Half-Useful- (5 Jahre, 50.000 Meilen) und Full-Useful-Life-Anforderungen (10 Jahre,
  120.000 Meilen)

LEV III
- NMOG und NO_x-Flottenwerte, Fahrzeugkategorien mit Summenlimits für NMOG
  und NO_x
- Full-Useful-Life (150.000 Meilen)

3.2.1.3 Dauerhaltbarkeit
Für die Zulassung eines Fahrzeugtyps (Typprüfung) muss der Hersteller nachweisen, dass
die Emissionen der limitierten Schadstoffe die jeweiligen Grenzwerte über

- 50.000 Meilen oder 5 Jahre („intermediate useful life"),
- 100.000 Meilen (LEV I) bzw. 120.000 Meilen (LEV II),
- 150.000 Meilen (LEV III)

nicht überschreiten. Im Fall von LEV II konnte der Fahrzeughersteller die Fahrzeuge auch
für eine Laufleistung von 150.000 Meilen mit gleichen Grenzwerten wie für 120.000 Mei-

len zertifizieren, um einen Bonus bei der Bestimmung des NMOG-Flottendurchschnitts zu erhalten. Für Fahrzeuge der Abgaskategorie PZEV gelten 150.000 Meilen oder 15 Jahre („full useful life"). Der Hersteller muss für diese Dauerhaltbarkeitsprüfung zwei Fahrzeugflotten aus der Fertigung bereitstellen:

- eine Flotte, bei der jedes Fahrzeug vor der Prüfung 4000 Meilen gefahren ist.
- eine Flotte für den Dauerversuch, mit der Verschlechterungsfaktoren der einzelnen Komponenten ermittelt werden. Über den ermittelten Verschlechterungsfaktoren wird der Faktor festgelegt, um den die emittierten Emissionen im Fahrzeug-Neuzustand besser sein müssen, als es der gesetzliche Grenzwert vorschreibt. Damit soll gewährleistet werden, dass die Grenzwerte über der Lebensdauer sicher eingehalten werden.

Für den Dauerversuch werden die Fahrzeuge über 50.000 bzw. 100.000 oder 120.000 Meilen nach einem bestimmten Fahrprogramm gefahren. Im Abstand von 5000 Meilen werden die Abgasemissionen gemessen. Inspektionen und Wartungen dürfen nur in den vorgeschriebenen Intervallen erfolgen. Anwender der USA-Testzyklen erlauben zur Vereinfachung auch die Anwendung von vorgegebenen Verschlechterungsfaktoren.

3.2.1.4 Flottendurchschnitt (NMOG)

Jeder Fahrzeughersteller muss dafür sorgen, dass seine Fahrzeuge im Durchschnitt einen bestimmten Grenzwert für die Abgasemissionen nicht überschreiten (Abb. 3.2). Als Kriterium werden hierfür bei der LEV-II-Gesetzgebung die NMOG-Emissionen, bei der LEV-III-Gesetzgebung die Summe aus NMOG und NO_x herangezogen. Der Flottendurch-

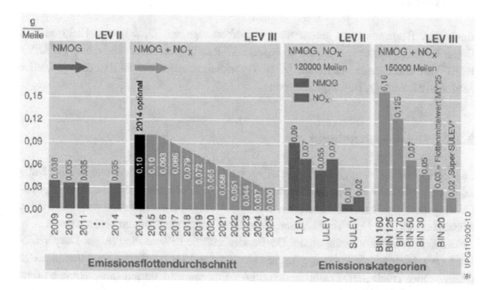

Abb. 3.2 USA CARB: LEV-II- und LEV-III-Gesetzgebung mit Flottenvorschriften der bisherigen und neuen Fahrzeugkategorien

schnitt ergibt sich aus dem Mittelwert des Grenzwerts aller von einem Fahrzeughersteller in einem Jahr verkauften Fahrzeuge. Die Grenzwerte für den Flottendurchschnitt sind für Personenkraftwagen und leichte Nutzfahrzeuge unterschiedlich. Die Grenzwerte für den Flottendurchschnitt werden jedes Jahr herabgesetzt. Das bedeutet, dass der Fahrzeughersteller immer mehr Fahrzeuge der saubereren Abgaskategorien herstellen muss, um den niedrigeren Grenzwert einhalten zu können. Der Flottendurchschnitt gilt unabhängig von der LEV-I- bzw. LEV-II-Norm.

3.2.1.5 Emissionsfreie Fahrzeuge

Seit 2003 müssen in Kalifornien auch Fahrzeuge der Abgaskategorie ZEV (Zero-Emission-Vehicle) entsprechen. Diese Fahrzeuge dürfen im Betrieb keine Emissionen freisetzen. Mit dem ZEV-Programm soll die Entwicklung und Markteinführung von Null-Emissions-Fahrzeugen erzwungen werden, die weiterhin auch einen Beitrag zur Reduzierung der Treibhausgasemissionen leisten sollen. Es handelt sich dabei vorwiegend um Elektro-autos. Fahrzeuge der Abgaskategorie PZEV (Partial Zero-Emission Vehicles) sind dagegen nicht abgasfrei, sie emittieren jedoch besonders wenige Schadstoffe. Sie werden je nach Emissionsstandard mit einem Faktor 0,2 … 1 gewichtet. Für den Mindestfaktor 0,2 müssen folgende Anforderungen erfüllt werden:

- SULEV-Zertifizierung für eine Dauerhaltbarkeit von 150.000 Meilen oder 15 Jahre,
- Garantiedauer 150.000 Meilen oder 15 Jahre auf fast alle emissionsrelevanten Teile,
- keine Verdunstungsemissionen aus dem Kraftstoffsystem (0-EVAP, Zero Evaporation); das wird durch eine aufwendige Kapselung des Tanksystems erreicht (für Fahrzeuge mit Ottomotoren).

Besondere Bestimmungen gelten für Hybridfahrzeuge mit Diesel- und Elektromotor. Diese Fahrzeuge entsprechen der Kategorie AT-PZEV (Advanced Technology PZEV): PZEV mit alternativen Antrieben (z. B. Hybridfahrzeuge) oder PZEV, die alternative Kraftstoffe nutzen (z. B. Gasfahrzeuge).

3.2.2 EPA-Gesetzgebung

Die EPA-Gesetzgebung (Environmental Protection Agency) für Pkw und leichte Nutz-fahrzeuge gilt für alle Bundesstaaten der USA, in denen nicht die strengere CARB-Gesetzgebung aus Kalifornien angewandt wird. In einigen Bundesstaaten wie z. B. Maine, Massachusetts oder New York wurden die kalifornischen Regelungen übernommen.

Die Emissionsanforderungen der US-Bundesbehörde EPA an Pkw (Light-Duty Vehicles, LDV), leichte Nutzfahrzeuge (Light-Duty Trucks, LDT) und schwere Nutzfahrzeuge (Heavy-Duty Trucks, HDT) sind in den Stufen-Emissionsminderungsprogrammen (Tier) festgelegt (Abb. 3.3). Leichte Nutzfahrzeuge werden zudem weiter unterteilt in Light Light-Duty Trucks (LLDT) und Heavy Light-Duty Trucks (HLDT), abhängig von der zu-

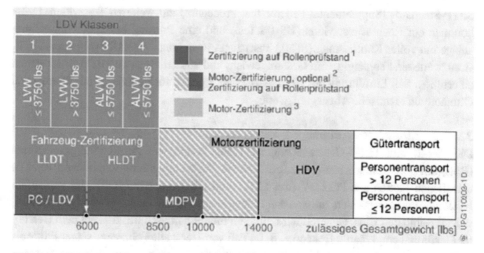

Abb. 3.3 USA EPA: Fahrzeugklasseneinteilung Pkw, leichte und schwere Nutzfahrzeuge: 1 = Pkw, leichte Nfz: GVW ≤ 8500 lb; 2 = HDV: 8500 < GVW ≤ 14000 lb; MDPV: 8500 < GVW ≤ 10000 lb; 3 = HDV, Busse: GVW > 8500 lb. LDV = Light-Duty Vehicle; LLDT = Light Light-Duty Truck; HLDT = Heavy Light-Duty Trucks; MDPV = Medium-Duty Passenger Vehicle; HDV = Heavy-Duty Vehicle; LVW = Loaded Vehicle Weight (Leergewicht + 300 lb); ALVW = Adjusted Loaded Vehicle Weight (Leergewicht + GVW); GVW = Gross Vehicle Weight (zulässiges Gesamtgewicht)

lässigen Gesamtmasse. Mittelschwere Fahrzeuge, die primär für den Personentransport gedacht sind (z. B. schwere Geländewagen oder große Pick-up-Trucks) werden einer eigenen Fahrzeugkategorie als MDPV (Medium-Duty Passenger Vehicle) zugeordnet mit z. T. abgeschwächten Anforderungen.

Die Emissionsstufen der EPA lauten:

- Tier 1 (ab Modelljahr 1994),
- Tier 2 (ab Modelljahr 2004),
- Tier 3 (ab Modelljahr 2017).

3.2.2.1 Grenzwerte

Die EPA-Gesetzgebung legt Grenzwerte für folgende Schadstoffe fest:

- Stickoxide (NO_x),
- Partikelmasse (PM),
- nicht methanhaltige organische Gase (NMOG),
- Formaldehyd (HCHO) und
- Kohlenmonoxid (CO).

Die Schadstoffemissionen werden im FTP-75-Fahrzyklus ermittelt. Die Grenzwerte sind auf die Fahrstrecke bezogen und in Gramm pro Meile angegeben. Seit 2002 gelten

SFTP-Standards (Supplemental Federal Test Procedure) mit weiteren Testzyklen. Dabei kommen ein Hochlasttestzyklus (US 06 Test) und eine Prüfung bei aktivierter Klimaanlage mit voller Kühlleistung (SC 03 Test) zur Anwendung. Die dafür geltenden SFTP-Grenzwerte sind abhängig vom Gesamtgewicht und zusätzlich zu den FTP-Grenzwerten zu erfüllen. Seit Einführung der Abgasnorm Tier 2 gelten für Fahrzeuge mit Diesel- und Ottomotoren identische Abgasgrenzwerte.

3.2.2.2 Abgaskategorien

Die Tier-2- und Tier-3-Gesetzgebung sieht eine Reihe von Zertifizierungskategorien (Bins) mit gestaffelten Abgasgrenzwerten sowie einen Flottendurchschnittswert vor. Die betroffenen Flotten aus PC/LDV (mit LLDT und HLDT) sowie MDPV der verkauften Fahrzeuge eines Herstellers müssen den Flottenwert einhalten unter Verwendung der individuell wählbaren Bins. Generell wird mit dem Flottendurchschnittskonzept dem Hersteller Flexibilität eingeräumt: Er kann z. B. im Fall von Tier 2 alle Fahrzeuge seiner Flotte als „Bin 5" zertifizieren, da „Bin 5" exakt dem Flottendurchschnitt entspricht. Es besteht aber auch die Möglichkeit, einen Teil seiner schweren Fahrzeuge in einem höheren Bin mit größeren Grenzwerten (z. B. „Bin 7"), zu zertifizieren und dies durch andere (z. B. leichtere) Fahrzeuge zu kompensieren, die in einem niedrigeren Bin mit strengeren Limits (z. B. „Bin 3") zertifiziert sind. Mit leichteren Fahrzeugen ist es u. U. einfacher, sehr geringe Limits einzuhalten.

Mit Einführung der Tier-3-Norm wird eine weitgehende Harmonisierung der Anforderungen mit dem kalifornischen LEV-III Programm angestrebt.

3.2.2.3 Phase-in

Ähnlich wie bei der CARB werden die Tier-2- und Tier-3-Programme schrittweise eingeführt (Phase-in). Über mehrere Jahre wurden die Anteile der Neuwagenflotte (z. B. gemäß Tier 2) für 25 %, 50 %, 75 %, 100 % der neu zugelassenen LDV- und LLDT-Fahrzeuge in den Modelljahren 2004, 2005, 2006 bzw. 2007 immer größer. Für HLDT und MDPV war das Phase-in im Jahr 2009 beendet. Parallel fand damit ein Phase-out der bisherigen Vorschriften statt. Für Tier 3 begann das Phase-in ab 2017, mit massiv sinkenden Flottendurchschnittswerten für NMOG und NO_x bis 2025.

3.2.2.4 Emissions-Flottendurchschnitt

Für den Flottendurchschnitt eines Fahrzeugherstellers werden in der EPA-Tier-2-Gesetzgebung die NO_x-Emissionen herangezogen (Abb. 3.4). Die CARB-LEV-II-Bestimmungen hingegen legen die NMOG-Emissionen zugrunde. Mit Inkrafttreten der EPA-Tier-3- und CARB-LEV-III-Gesetzgebung kommen in beiden Fällen Summenwerte aus NMOG + NO_x zur Anwendung.

3.2.2.5 Feldüberwachung

Eine nicht routinemäßige Überprüfung für im Verkehr befindliche Fahrzeuge (In-Use-Fahrzeuge) wird stichprobenartig mittels einer Abgasemissionsprüfung nach dem

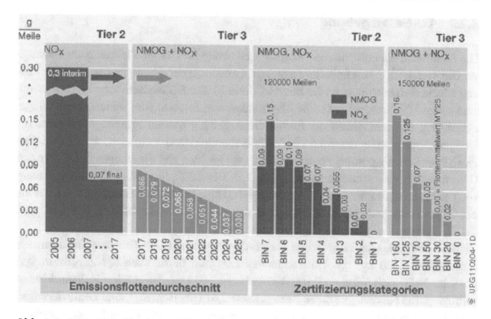

Abb. 3.4 USA EPA: Tier-2- und Tier-3-Gesetzgebung für Pkw und leichte Nfz mit Flottenvorschriften der bisherigen und neuen Zertifizierungskategorien (Bins)

FTP-75-Testverfahren durchgeführt. Es werden abhängig von der jeweiligen Abgaskategorie nur Fahrzeuge mit Laufstrecken unter 75.000, 90.000 sowie 105.000 Meilen überprüft. Seit dem Modelljahr 1990 unterliegen die Fahrzeughersteller einem Berichtszwang hinsichtlich Beanstandungen bzw. Schäden an definierten Emissionskomponenten oder -systemen. Der Berichtszwang besteht für maximal 15 Jahre oder 150.000 Meilen, je nach Garantiedauer des Bauteils oder der Baugruppe. Das Berichtsverfahren ist in drei Berichtsstufen mit ansteigender Detaillierung angelegt:

- Emissions Warranty Information Report (EWIR),
- Field Information Report (FIR),
- Emission Information Report (EIR).

Dabei werden Informationen bezüglich

- Beanstandungen,
- Fehlerquoten,
- Fehleranalyse und
- Emissionsauswirkungen

an die Umweltbehörde weitergegeben. Der FIR dient der Behörde als Entscheidungsgrundlage für Recall-Zwänge (Rückruf) gegenüber dem Fahrzeughersteller.

3.2.3   EU-Gesetzgebung

Die Richtlinien der europäischen Abgasgesetzgebung für Pkw und leichte Nutzfahrzeuge werden von der EU-Kommission festgelegt. Grundlage der Abgasgesetzgebung für Pkw und leichte Nutzfahrzeuge ist die Basisrichtlinie 70/220/EG aus dem Jahr 1970. Sie legte zum ersten Mal Grenzwerte für die Abgasemissionen fest und wird seither immer wieder aktualisiert. Bis zum Ablauf der Euro-4-Gesetzgebung wurden Fahrzeuge mit einer zulässigen Gesamtmasse unter 3,5 t auf dem Rollenprüfstand zertifiziert, wobei zwischen Pkw (Personentransport bis neun Personen) und leichten Nutzfahrzeugen (LDT) für den Gütertransport unterschieden wurde (Abb. 3.5). Für LDT gibt es drei Klassen, abhängig von der Fahrzeugbezugsmasse (Leermasse + 100 kg). Für Busse (Transport von mehr als neun Personen) und für Fahrzeuge mit zulässigen Gesamtmassen > 3,5 t werden i. d. R. Motorenzertifizierungen durchgeführt.

Mit Inkrafttreten der Euro-5- und Euro-6-Gesetzgebung ist die Fahrzeug-Bezugsmasse (Leermasse + 100 kg) das Unterscheidungskriterium hinsichtlich der Zertifizierungsprozedur. Fahrzeuge mit einer Bezugsmasse bis zu 2,61 t werden auf dem Rollenprüfstand zertifiziert. Bei Fahrzeugen, deren Bezugsmasse 2,61 t überschreitet, sind Zertifizierungen auf dem Motorenprüfstand vorgeschrieben. Es sind aber auf Antrag Flexibilitäten möglich.

Die Abgasgrenzwerte für Pkw und leichte Nutzfahrzeuge (Light-Duty Trucks, LDT) sind in den folgenden Abgasnormen enthalten (Abb. 3.6):

- Euro 1 (ab 1. Juli 1992),
- Euro 2 (ab 1. Januar 1996),

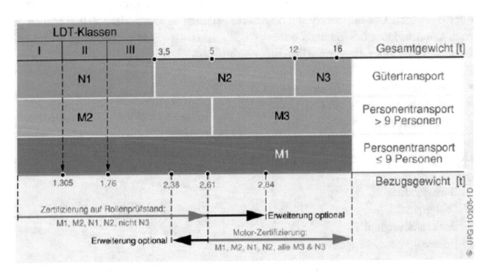

Abb. 3.5 EU: europäische Fahrzeugklasseneinteilung für Pkw, leichte und schwere Nutzfahrzeuge (seit 2005). Die Fahrzeugkategorie wird über das Gesamtgewicht definiert, LDT-Klasse und Zertifizierungsart über das Bezugsgewicht

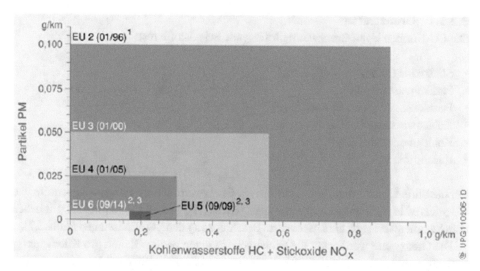

Abb. 3.6 EU: europäische Emissionsgrenzwerte für Pkw ([1] LDT 01/97; [2] = EU-Richtlinie 692/2008/EC; [3] = PM-Grenzwert 4,5 mg/km, bedingt durch geänderte Massebestimmung, zusätzlich Grenzwert für Partikelanzahl 6×10^{11} */km (09.11/01.13 Neue Typen/Alle Typen))

- Euro 3 (ab 1. Januar 2000),
- Euro 4 (ab 1. Januar 2005),
- Euro 5a (ab 1. Sept. 2009),
- Euro 5b (ab 1. Sept. 2011),
- Euro 6b (ab 1. Sept. 2014),
- Euro 6d Temp, vormals Euro 6c (Pkw ab 1. Sept. 2017, leichte Nfz ein Jahr später),
- Euro 6d (Pkw ab 1. Januar 2020, leichte Nfz ein Jahr später).

Dabei sind bei Euro 6d Temp die RDE-Konformitätsfaktoren interim und bei Euro 6d RDE Konformitätsfaktoren endgültig festgelegt.

Bis Euro 5 galten für Pkw und leichte Nfz identische Einführungszeitpunkte. Ab Euro 6 ist die Typgenehmigung für leichte Nfz ein Jahr später erforderlich. Nur für Diesel-Pkw und leichte Nfz gibt es eine Interim-Stufe EU 6a, die eine vorzeitige Zertifizierung nach den niedrigen NO_x-Emissionsgrenzwerten der Stufe EU 6b erlaubt. Leichte Nutzfahrzeuge können gewichtsabhängig einfachere (höhere) Grenzwerte nutzen.

Eine neue Abgasstufe wird in zwei Schritten eingeführt. Im ersten Schritt (Type Approval, TA) müssen neue Fahrzeugtypen (die bisher noch nicht zertifiziert waren) die neuen Anforderungen einhalten. Im zweiten Schritt (Conformity of Production, COP) – i. d. R. ein Jahr später – müssen alle neu zugelassenen Fahrzeuge die neuen Grenzwerte einhalten. Die EU-Richtlinien erlauben Steueranreize (Tax Incentives), wenn Abgasgrenzwerte erfüllt werden, bevor sie zur Pflicht werden. In Deutschland gibt es, abhängig vom Emissionsstandard bzw. dem CO_2-Ausstoß und Hubraum des Fahrzeugs, unterschiedliche Kfz-Steuersätze.

3.2.3.1 Grenzwerte

Die EU-Normen legen Grenzwerte für folgende Schadstoffe fest:

- Stickoxide (NO_x),
- Partikelmasse (PM),
- Partikelanzahl (PN, seit Euro 5b),
- Kohlenwasserstoffe (HC),
- Kohlenmonoxid (CO),
- Rauchtrübung.

Für die Stufen Euro 1 und Euro 2 wurden die Grenzwerte für die Kohlenwasserstoffe und die Stickoxide als Summenwert zusammengefasst (HC und NO_x). Seit Euro 3 gilt neben dem Summenwert auch eine gesonderte Beschränkung der NO_x-Emissionen (Abb. 3.7).

Die Grenzwerte werden auf die Fahrstrecke bezogen und in Gramm pro Kilometer (g/km) angegeben. Die Schadstoffemissionslimits sind für Fahrzeuge mit Diesel- und Otto-motoren unterschiedlich. Darüber hinaus gelten für leichte Nutzfahrzeuge verschiedene Grenzwerte in Abhängigkeit der Fahrzeugbezugsmasse (Leergewicht + 100 kg). Dazu gibt

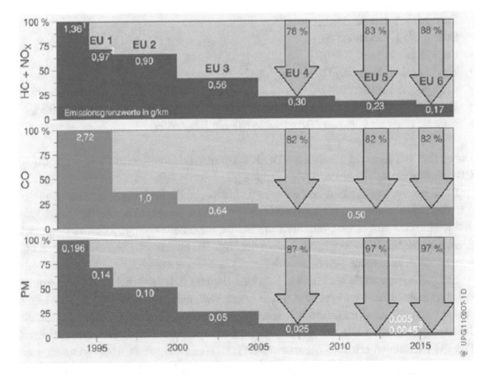

Abb. 3.7 EU: Emissionsgrenzwerte Euro 0–6 für Pkw ([1,2] EU 1 DI Phase-in; [3] PM-Grenzwert 4,5 mg/km und Grenzwert für Partikelanzahl 6 × 10[11]/km mit geänderter Massebestimmung seit 09.11/01.13 (Neue Typen/Alle Typen))

es drei Unterklassen. Schadstoffgrenzwerte der Leichte-Nfz-Klasse 1 entsprechen denen der Pkw. Gemessen werden die Abgaswerte auf dem Fahrzeug-Rollenprüfstand, wobei seit Euro 3 der „Modifizierte Neue Europäischer Fahrzyklus" (MNEFZ) gefahren wird. Während der Gültigkeit von Euro 6 (seit Sept. 2014) hat seit September 2017 ein realitäts-näherer Fahrzyklus mit anspruchsvollerem Last- und Geschwindigkeitsprofil, der World-wide Harmonised Light-Duty Cycle (WLTC), den bisherigen MNEFZ ersetzt. Ein WLTC kann bis zu vier Einzelphasen (Low, Medium, High und Extra High) enthalten und bildet reale Betriebsbedingungen besser ab. Im Gegensatz zum MNEFZ gibt es jetzt insgesamt vier verschiedene WLTC-Varianten mit individuellen Geschwindigkeits-Zeit-Verläufen für den Rollenprüfstandstest (Testzyklen siehe Abb. 3.21 und 3.22). Die Anwendung der verschiedenen WLTC-Varianten hängt von drei neu definierten Leistungsgewichtsklassen ab (Tab. 3.1):

Klasse 1
- Leistungsgewicht: $P_{mr} \leq 22$ kW/t
- Geschwindigkeitsfolge: Low – Medium – Low

Klasse 2
- Leistungsgewichtsspanne: 22 kW/t $< P_{mr} \leq 34$ kW/t
- Geschwindigkeitsfolge: Low – Medium – High – Extra High

Klasse 3
- Leistungsgewicht: > 34 kW/t
- Geschwindigkeitsfolge: Low – Medium – High – Extra High
- zwei WLTC-Varianten abhängig von Höchstgeschwindigkeit unter oder über 120 km/h

Tab. 3.1 EU: Emissionsgrenzwerte Euro 5/6 für Pkw und leichte Nfz Klassen 1, 2, 3 t. Grenzwerte PM: 4,5 mg/km gültig ab 09/2011 für neue Modelle (TA), alle neuen Fahrzeuge 01/2013 (COP)

Fahrzeugklasse	Pkw/LD Klasse 1		Pkw/LD Klasse 2		Pkw/LD Klasse 3	
Synonym	Euro 5	Euro 6	Euro 5	Euro 6	Euro 5	Euro 6
Jahr/(TA/COP)	09.09/01.11	09.14/09.15	09.10/01.12	09.15/09.16	09.10/01.12	09.15/09.16
HC + NOx [mg/km]	230	170	295	195	350	215
NOx [mg/km]	180	80	235	105	280	125
CO [mg/km]	500	500	630	630	740	740
PM [mg/km]	5,0/4,5	5,0/4,5	5,0/4,5	5,0/4,5	5,0/4,5	5,0/4,5
PN [*/km]	6×10	6×10	6×10	6×10	6×10	6×10
Dauerhalt-barkeit	160.000 km					
Feldüber-wachung	100.000 km/5 Jahre					

Für Fahrzeuge mit Handschaltgetriebe sind neue Anforderungen für die Wahl der Getriebegänge während des Testlaufs entwickelt worden. Beim MNEFZ ist die Gangwahl nur in Abhängigkeit der Fahrgeschwindigkeit fest vorgeschrieben, während bei einem WLTC-Prüflauf die Gangauswahl individuell von Fahrzeug-, Motor- und Triebstrangparametern bestimmt wird.

Zusätzlich zur neuen WLTC-Prüfung wird es auch eine harmonisierte Prozedur WLTP mit u. a. deutlich realistischeren Verbrauchs- und Emissionsmessungen sowie speziellen Anforderungen für elektrifizierte Fahrzeuge wie Hybride und Elektrofahrzeuge geben.

Teilnehmer am weltweit harmonisierten WLTP-Programm sind die EU-Staaten, die Schweiz, Japan, Südkorea, Indien und China sowie die betroffenen Industrien (Automobilhersteller und Zulieferindustrie) und Nichtregierungsorganisationen. Die USA haben sich nach anfänglicher Teilnahme wieder aus dem Programm zurückgezogen.

3.2.3.2 Real Driving Emissions

Um das reale Emissionsverhalten von Pkw und leichten Nfz im Alltagsbetrieb besser überwachen zu können, schreibt die Euro-6-Durchführungsverordnung EU 2017/1151 als weitere Prozedur die Überprüfung der Real Driving Emissions (RDE) vor. Die RDE-Tests werden bei der Typprüfung und bei Feldüberprüfungen von in Betrieb befindlichen Fahrzeugen eingesetzt und mit einer mobilen Abgasmesstechnik (Portable Emissions Measurement System, PEMS) geprüft. Der RDE-Test hat das Ziel, sicherzustellen, dass die Emissionsgrenzwerte nicht nur im genormten Zyklus, sondern auch unter realen Straßenbedingungen eingehalten werden. Dazu wird eine Fahrt von 90 bis 120 Minuten im gewöhnlichen Straßenverkehr durchgeführt.

RDE-Grenzwerte gelten für Stickoxide, NO_x sowie die Partikelanzahl PN. CO-Emissionen werden gemessen und aufgezeichnet, unterliegen aber keinem Grenzwert. Eine Partikelmassenmessung ist nicht vorgesehen, Kohlenwasserstoff-Standards werden möglicherweise zu einem späteren Zeitpunkt vorgeschrieben.

Die Grenzwerte der RDE-Prüfung werden für die Stickoxidemission in zwei Stufen eingeführt. Es kommt ein sogenannter Konformitätsfaktor CF zur Anwendung, mit dem das Euro-6-Limit multipliziert wird:

$$NTE - Limit = CF \times TF \times Euro\,6 - Emissionslimit$$

mit

- $CF_{Stufe\,1} = 2,1,$
- $CF_{Stufe\,2} = 1 + (0,5$ mit jährlicher Neubewertung, ggf. Aktualisierung).

Oben stehende Einführungsdaten beziehen sich auf die Typgenehmigung (TA) neuer Pkw und leichter Nfz der Klasse 1, ein Jahr später für TA von leichten Nfz der Klassen 2 und 3. Der Konformitätsfaktor für die Partikelanzahl beträgt mit der Messtoleranz von PEMS-Geräten von 0,5 ab sofort 1 + 0,5 = 1,5.

Um extremen RDE-Fahrt- oder Umgebungsbedingungen (z. B. hochdynamisches Beschleunigen oder Befahren großer Steigungen) Rechnung zu tragen, wird eine sogenannte Transferfunktion eingeführt, die wiederum den Konformitätsfaktor CF je nach Fahrtbedingung erhöhen kann:

$$CF_{applicable=} CF_{legal} \times TF(p_1 \ldots p_n)$$

mit

- CF_{legal} (gesetzlich festgelegter Basis-CF),
- $p_1 \ldots p_n$ (Parameter für erhöhte Belastung).

Die Anforderungen zur RDE-Prozedur wurden mit mehreren Gesetzesergänzungen innerhalb von vier RDE-Paketen mit folgenden Inhalten eingeführt:

- 1. Paket von 03/2016: PEMS-Prozedur, Randbedingungen (Höhe, Temperatur, Geschwindigkeiten …),
- 2. Paket von 04/2016: Grenzwerte und Konformitätsfaktor CF für Stickoxide, Streckensteigung … ,
- 3. Paket von 06/2017: Grenzwerte und Konformitätsfaktor CF für Partikelanzahl, Kaltstart, Hybridtest,
- 4. Paket (Veröffentlichung im 4. Quartal 2018): Anforderung an leichte Nfz, Kraftstoffqualität, Auswertetools, Transferfunktion …

Die RDE-Prüfdauer muss 90 bis 120 Minuten betragen, wobei die Fahrstrecke drei Anteile mit Stadt-, Überland- und Autobahnbetrieb enthält. Die drei Teilabschnitte sind in der nachfolgend aufgeführten Reihenfolge abzufahren, die durch folgende Fahrgeschwindigkeiten gekennzeichnet sind:

5. Stadtfahrt: < 60 km/h,
6. Überlandfahrt: 60 … 90 km/h,
7. Autobahnfahrt: 90 km/h < v ≤ 145 km/h.

Für jeden der drei Teilabschnitte muss die zurückgelegte Fahrtstrecke mindestens 16 km betragen. Neben Vorgaben zu Maximal- und Durchschnittsgeschwindigkeiten gibt es auch solche zur erlaubten Häufigkeit und Länge von Stopp-Phasen, der Höhe, den Umgebungstemperaturen, der Zuladung und weiteren.

Nachdem die Massenemission der Schadstoffe mit dem mobilen Messsytem (PEMS) ermittelt wurde, kommen Normalisierungstools (EMROAD und CLEAR) zum Einsatz, die zum Beispiel auf Basis der CO_2-Emission eines WLTC-Zyklus die Straßenmessung einordnen oder andere Parameter wie die Geschwindigkeit, multipliziert mit der positiven Beschleunigung, zur Bewertung und ggf. zum Ausschluss von Messpunkten heranziehen. Das PEMS wird beim Pkw meist auf einer Anhängerkupplung befestigt oder alternativ im

Kofferraum verbaut und beinhaltet die Gasanalytik. Gültige RDE-Fahrten werden mit Software-Tools (EMROAD und CLEAR) ausgewertet und gewichtet. Die durchschnittlichen NO_x- und PN-Emissionen im städtischen Teil und für die gesamte Fahrt werden mit Maximalwerten verglichen.

3.2.3.3 Feldüberwachung und Dauerhaltbarkeit

Die Funktion emissionsrelevanter Bauteile muss über die Lebensdauer des Fahrzeugs nachgewiesen werden. Die Einhaltung der Emissionsgrenzwerte muss über eine vorgegebene Fahrstrecke mittels einer bestimmten Testsequenz oder eine bestimmte Zeitdauer nachgewiesen werden (je nachdem, welcher Fall zuerst eintritt).

Die Dauerhaltbarkeitsanforderungen betragen:

- 5 Jahre oder 80.000 km (Euro 3),
- 5 Jahre oder 100.000 km (Euro 4),
- 5 Jahre oder 160.000 km Dauerhaltbarkeit der emissionsrelevanten Bauteile sowie 5 Jahre oder 100.000 km Feldüberprüfung von in Betrieb befindlichen Fahrzeugen (Euro 5/6).

Alternativ zum Dauerhaltbarkeitsnachweis über die geforderte Fahrtstrecke konnte der Hersteller bis zur Euro-5-Stufe fest vorgegebene Verschlechterungsfaktoren anwenden, um welche die Schadstoffemissionen des neuen Fahrzeugs geringer sein mussten als die gesetzlich vorgeschriebenen Zertifizierungslimits. Seit Inkrafttreten der Euro-6-Gesetzgebung sind bei Anwendung von Verschlechterungsfaktoren diese vom Fahrzeughersteller selbst geeignet zu ermitteln und nachzuweisen.

Eine Überprüfung von bereits in Betrieb befindlichen Euro-5/6-Fahrzeugen im Rahmen einer Feldüberprüfung erfolgt bis 100.000 km oder nach 5 Jahren, je nachdem, welcher Fall zuerst eintritt. Die Mindestzahl der zu überprüfenden Fahrzeuge eines Fahrzeugtyps beträgt drei, die Höchstzahl hängt vom Prüfverfahren ab. Die zu überprüfenden Fahrzeuge müssen folgende Kriterien erfüllen:

- Die regelmäßigen Inspektionen nach den Herstellerempfehlungen wurden durchgeführt.
- Das Fahrzeug weist keine Anzeichen von außergewöhnlicher Benutzung (wie z. B. Manipulationen, größere Reparaturen o. Ä.) auf.

Fällt ein Fahrzeug durch stark abweichende Emissionen auf, so ist die Ursache für die überhöhte Emission festzustellen. Weisen mehrere Fahrzeuge aus der Stichprobe aus dem gleichen Grund erhöhte Emissionen auf, gilt für die Stichprobe ein negatives Ergebnis. Bei unterschiedlichen Gründen wird die Probe um ein Fahrzeug erweitert, sofern die maximale Probengröße noch nicht erreicht ist. Stellt die Typgenehmigungsbehörde fest, dass ein Fahrzeugtyp die Anforderungen nicht erfüllt, so muss der Fahrzeughersteller Maßnahmen zur Beseitigung der Mängel ausarbeiten.

3.2.3.4 Periodische Abgasuntersuchung (AU)

In Deutschland müssen Pkw und leichte Nfz drei Jahre nach der Erstzulassung und dann alle zwei Jahre zur Abgasuntersuchung. Bei Fahrzeugen mit Ottomotor steht die CO-Messung im Vordergrund, bei Dieselfahrzeugen die Rauchtrübungsmessung. Seit Einführung der On-Board-Diagnose wird im Rahmen der Abgasuntersuchung auch geprüft, ob das OBD-System richtig arbeitet, um die Überwachung der abgasrelevanten Komponenten und Systeme im Fahrzeugbetrieb zu gewährleisten.

3.2.4 Japan-Gesetzgebung

Auch in Japan werden die zulässigen Emissionswerte für Pkw und leichte Nutzfahrzeuge (Tab. 3.2) schrittweise herabgesetzt. Die Fahrzeuge mit einem zulässigen Gesamtgewicht bis 3,5 t (seit 2005) sind in drei Klassen unterteilt (Abb. 3.8): Personenkraftwagen (bis 10 Sitzplätze), LDV (Light-Duty Vehicle) bis 1,7 t und MDV (Medium-Duty Vehicle) bis

Tab. 3.2 Japan: Grenzwerttabelle für Pkw und leichte Nfz

Japan: Grenzwerttabelle für Pkw und leichte Nfz							
Zul. Gesamtgewicht Pkw und	Typzulassung	Test	CO mg/ km	NMHC mg/km	NOx mg/km	PM mg/ km	Rauch m^{-1}
	2009 NLT	JC08	630	24	80	5	0,5
leichte Nfz ≤ 1700 kg	2018 PNLT	WLTP	630	24	150	5	0,5
Minitrucks (PI und	2009 NLT	JC08	4020	50	50	51	0,5
LPG)	2019 PNLT	WLTP	4020	100	50	51	0,5
leichte Nfz > 1700 kg	2009 NLT	JC08	630	24	150	7	0,5
	2018 PNLT	WLTP	630	24	150	7	0,5

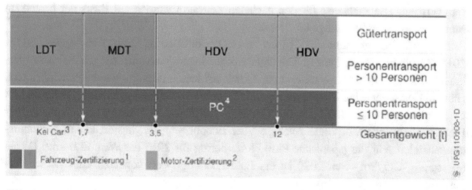

Abb. 3.8 Japan: Fahrzeugklasseneinteilung Pkw, leichte und schwere Nutzfahrzeuge ([1] Pkw inkl. Kei Cars (PC), Light-Duty Trucks (LDT), Medium-Duty Trucks (MDT); [2] Heavy-Duty Vehicles (HDV); [3] Beschränkungen: max. 3,4 m Länge, max. 1,48 m Breite, max. 2 m Höhe, max. 660 cm^3 Hubraum max. 47 kW Nennleistung; [4] Aufteilung Pkw in die äquivalente Schwungmasse ≤ 1265 kg und > 1265 kg)

2,5 t (seit 2005: 3,5 t). Für MDV gelten gegenüber den anderen beiden Fahrzeugklassen etwas höhere Grenzwerte für NO_x und Partikel.

Die Abgasgrenzwerte sind in den folgenden Normen enthalten:

- Long Term (ab 1. Okt. 1998),
- New Long Term (ab 1. Jan. 1996),
- Post New Long Term (ab 1. Jan. 2000),
- Post Post New Long Term (ab 1. Okt. 2018).

3.2.4.1 Grenzwerte

Die japanische Gesetzgebung legt Grenzwerte für folgende Schadstoffe fest:

- Stickoxide (NO_x),
- Partikelmasse (PM, nur für Dieselfahrzeuge),
- Kohlenwasserstoffe (HC),
- Rauchtrübung (nur für Dieselfahrzeuge).

Die Schadstoffemissionen werden derzeit mit dem Rollentest JC 08 im Kalt- und Heißtest ermittelt. Auch in Japan kommt der weltweit harmonisierte WLTC-Zyklus zur Anwendung, allerdings entfällt im Gegensatz zu Europa der Geschwindigkeitsverlauf der Phase 4 (Extra High).

3.2.4.2 Flottenverbrauch

In Japan sind Maßnahmen zur Reduzierung der CO_2-Emissionen von Pkw geplant. Ein Vorschlag sieht eine Festschreibung der mittleren „Fuel Economy" (invertierter Streckenverbrauch in km/l) der gesamten Pkw-Flotte vor.

Für die Festlegung zukünftiger Anforderungen wird seit 1998 der „Top-Runner"-Ansatz verfolgt: Die Zielwerte für den nächsten Zeitraum werden auf Basis der besten im Markt verfügbaren Fahrzeuge bestimmt.

Es wurden bisher Zielwerte für Pkw und LDV für 2010 (Basis 10 • 15-Mode) und für 2015 (Basis JC 08) festgelegt. Die Vorschriften legen Zielwerte für die Kraftstoffverbrauchseffizienz in km/l, gestaffelt nach Gewichtsklassen (Gesamtfahrzeuggewicht), fest. Hält ein Hersteller seine Zielvorgabe nicht ein, werden Strafzahlungen fällig. Für Pkw gibt es eine weitere Stufe 2020, für die (ähnlich wie in der EU) ein herstellerspezifischer Flottenmittelwert („Corporate Average Fuel Economy") gilt, basierend auf Gewichtsklassenzielen. Für die japanische Pkw-Flotte betrug für 2015 der Wert 17,0 km/l Diesel ($\sim$ 155,8 g CO_2/km). Seit 2020 ist ein Fuel-Economy-Wert von 20,3 km/l Diesel vorgesehen ($\sim$ 129,8 g CO_2/km).

Käufer von Fahrzeugen mit deutlich höherer Effizienz (+ 15 % bzw. + 25 %) als die gesetzlichen Mindeststandards erhalten steuerliche Nachlässe. Fahrzeuge müssen mit einem Aufkleber mit Daten zum Kraftstoffverbrauch gekennzeichnet werden.

3.3 Gesetzgebung für schwere Nutzfahrzeuge

3.3.1 USA-Gesetzgebung für schwere Nfz

Schwere Nutzfahrzeuge sind in der EPA-Gesetzgebung als Fahrzeuge mit einem zulässigen Gesamtgewicht über 8500 bzw. 10.000 lb (je nach Fahrzeugart) definiert (entspricht 3,9 bzw. 4,6 t). In Kalifornien gelten alle Fahrzeuge über 14.000 lb (6,4 t) als schwere Nutzfahrzeuge, zur Fahrzeugklasseneinteilung siehe Abb. 3.3. Die kalifornische Gesetzgebung entspricht in wesentlichen Teilen der EPA-Gesetzgebung, es gibt jedoch ein Zusatzprogramm für Stadtbusse. Die Abgasgrenzwerte (Abb. 3.9) sind in den folgenden Normen enthalten:

- US '98,
- US '04,
- US '07–'09 ABT (Averaging Banking Trading),
- US '10,
- 2023 CARB Low-NO_x-Programm (nur Kalifornien).

Beim CARB-Low-NO_x-Programm handelt es sich zunächst um optionale NO_x-Grenzwerte, die deutlich geringer sind im Vergleich zum derzeitig vorgeschrieben Stickoxidlimit von 0,2 g/hph (seit 2010). Sie können seit 2013 vom OEM freiwillig erfüllt werden. Der Hersteller kann unter drei optionalen NO_x-Emissionsstandards von 0,10 oder 0,05 oder 0,02 g/hph auswählen. Mit der Erfüllung der abgesenkten Werte können Emissionskredite generiert werden, die der Motorhersteller mit Aggregaten von ggf. höherem Ausstoß ver-

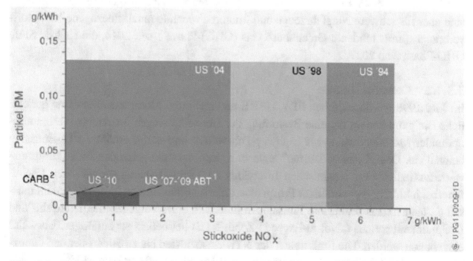

Abb. 3.9 USA EPA und CARB: Emissionsgrenzwerte für schwere Nutzfahrzeuge ([1] ABT Averaging, Banking, Trading; [2] CARB Low NO_x Standard (Kalifornien))

rechnen kann. Das Kompensationsverfahren muss der Motorhersteller mit der kalifornischen Behörde abstimmen und genehmigen lassen.

Ab 2023 werden die Low-NO_x-Standards zur Erfüllung für Luftqualitätsvorschriften für Ozon fest vorgeschrieben sein.

3.3.1.1 Grenzwerte

In den US-Normen sind für Dieselmotoren Grenzwerte festgelegt für

- Stickoxide (NO_x),
- Partikelmasse (PM),
- teilweise Nichtmethan-Kohlenwasserstoffe (NMHC),
- Kohlenmonoxid (CO),
- Abgastrübung.

Die zulässigen Grenzwerte werden auf die Motorleistung bezogen und in g/hph angegeben. Die Emissionen sind am Motorprüfstand mit dynamischem Testzyklus inklusive Kaltstart (Heavy-Duty Transient Cycle, HDTC) zu ermitteln. Eine Abgastrübung wird durch den Federal Smoke Test (FST) überprüft. Seit dem Modelljahr 2007 werden die NO_x- und Partikelemissionen separat limitiert (vormals Summenwert). Die Limits sind seither ohne Abgasnachbehandlungsmaßnahmen (z. B. DeNO$_x$-Katalysator oder Partikelfilter) nicht erreichbar. Für die NO_x- und NMHC-Grenzwerte gab es eine schrittweise Einführung (Phase-in) zwischen Modelljahr 2007 und 2010. Um die Einhaltung der strengen Partikelgrenzwerte zu ermöglichen, ist der maximal zulässige Schwefelgehalt im Dieselkraftstoff ab Mitte 2006 von vormals 500 ppm auf 15 ppm reduziert worden. Für schwere Nutzfahrzeuge sind – im Gegensatz zu Pkw und LDT – keine Grenzwerte für die durchschnittlichen Flottenemissionen und den Flottenverbrauch vorgeschrieben. Seit 2011 sind aber für schwere Nutzfahrzeuge und -motoren separate nutzlastbezogene Kraftstoffverbrauchslimits bindend: Greenhouse Gas (GHG)-Phase 1 seit 2014, die nächste Stufe GHG-Phase 2 ab 2027.

3.3.1.2 Consent Decree

Im Jahr 1998 wurde zwischen EPA, CARB und mehreren Motorherstellern eine gerichtliche Einigung erzielt, die eine Bestrafung der Hersteller wegen unerlaubter verbrauchsoptimaler Motoranpassung im Highway-Fahrbetrieb und damit erhöhter NO_x-Emission beinhaltete. Das „Consent Decree" legte u. a. fest, dass die geltenden Emissionsgrenzwerte zusätzlich zum dynamischen Testzyklus auch im stationären europäischen 13-Stufen-Test inklusive drei zufälliger Prüfpunkte unterschritten werden mussten. Zudem müssen darüber hinaus seither die Emissionen innerhalb eines vorgegebenen Drehzahl- und Drehmomentbereichs („Not-to-Exceed"-Zone, NTE) bei beliebiger zufälliger Fahrweise eingehalten werden. Die Emissionen der NTE-Zone dürfen bis zu 50 % über den Grenzwerten des HDTC liegen. Diese zusätzlichen Prüfzyklen sind seit dem Modelljahr 2007 für alle Diesel-Nkw vorgeschrieben.

3.3.1.3 Dauerhaltbarkeit

Die Einhaltung der Emissionsgrenzwerte muss über eine vorgegebene Fahrstrecke oder eine bestimmte Zeitdauer nachgewiesen werden. Dabei werden drei Gewichtsklassen mit zunehmenden Anforderungen an die Dauerhaltbarkeit unterschieden:

- leichte Nfz von 8500 lb (EPA) bzw. 14.000 lb (CARB) bis 19.500 lb,
- mittelschwere Nfz von 19.500 lb bis 33.000 lb und
- schwere Nfz über 33.000 lb.

Für schwere Nfz muss seit dem Modelljahr 2004 eine Emissions-Dauerhaltbarkeit von 13 Jahren oder 435.000 Meilen (700.000 km) nachgewiesen werden.

3.3.2 EU-Gesetzgebung für schwere Nfz

In Europa zählen alle Fahrzeuge mit einem zulässigen Gesamtgewicht über 3,5 t oder einer Transportkapazität von mehr als neun Personen zu den schweren Nutzfahrzeugen. Die Emissionsvorschriften (Euro-Normen) sind in der Basisverordnung (EG) 595/2009 festgelegt, die laufend aktualisiert und inhaltlich erweitert wird, zur Fahrzeugklasseneinteilung siehe Abb. 3.5.

Wie bei Pkw und leichten Nutzfahrzeugen werden auch bei schweren Nutzfahrzeugen neue Grenzwertstufen in zwei Schritten eingeführt. Im Rahmen der Typgenehmigung (Type Approval (TA), neue Typen) müssen zunächst neue Motortypen die neuen Emissionsgrenzwerte einhalten. Ein Jahr später ist die Einhaltung der neuen Grenzwerte für alle neu gefertigten Fahrzeuge Voraussetzung für die Erteilung der Fahrzeugzulassung. Die Übereinstimmung der Produktion (Conformity of Production, COP, alle Typen) wird überprüft, indem Motoren aus der laufenden Serie entnommen und auf die Einhaltung der neuen Abgasgrenzwerte hin getestet werden. Darüber hinaus werden die Emissionen von bereits in Betrieb befindlichen Nutzfahrzeugen (In-Use Conformity, IUC) nachgeprüft. Dazu wird eine On-Board-Abgasmessvorrichtung (Portable Emission Measurement System, PEMS) eingesetzt. Im Gegensatz zu Pkw und leichten Nfz ist bei schweren Nfz die PEMS-Realfahrtmessung derzeit nicht für die Zertifizierung eines neuen Typs erforderlich.

In den Euro-Normen sind für Nfz-Dieselmotoren Grenzwerte für Kohlenwasserstoffe (HC und NMHC), Kohlenmonoxid (CO), Stickoxide (NO_x), Partikel und die Abgastrübung festgelegt. Die zulässigen Grenzwerte werden auf die Motorleistung bezogen und in g/kWh angegeben. Die Abgasgrenzwerte für schwere Nutzfahrzeuge (HDV) sind in den folgenden Abgasnormen enthalten (Abb. 3.10):

- Euro 0 (ab 1. Juli 1988),
- Euro I (ab 1. Juli 1992),
- Euro II (ab 1. Okt. 1995),
- Euro III (ab 1. Okt. 2000),

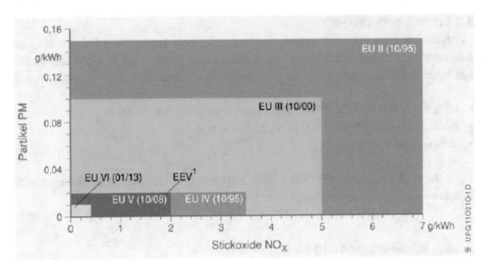

Abb. 3.10 EU-Emissionsgrenzwerte für schwere Nutzfahrzeuge ([1] EEV = Enhanced Environmentally Friendly Vehicles)

- Euro IV (ab 1. Okt. 2005),
- Euro V (ab 1. Okt. 2008),
- Euro VI (ab 1. Jan. 2013).

3.3.2.1 Grenzwerte

In den EU-Normen sind für Dieselmotoren Grenzwerte festgelegt für

- Stickoxide (NO_x),
- Partikelmasse (PM),
- Nichtmethan-Kohlenwasserstoffe (NMHC),
- Kohlenmonoxid (CO).

Seit Dieselmotoren mit „fortschrittlichen" Systemen zur Abgasnachbehandlung (z. B. De-NOx-Katalysator oder Partikelfilter) ausgerüstet sind, müssen zu den bisher stationären Motorentests zusätzlich dynamische Abgastests durchgeführt werden. Bis zur Grenzwertstufe Euro V wurde der Stationärtest ESC (European Steady State Cycle) mit 13 stationären Betriebspunkten und der Dynamiktest ETC (European Transient Cycle) angewendet. Mit Einführung der Grenzwertstufe Euro VI sind ESC und ETC durch WHSC (World Harmonised Steady State Cycle) und WHTC (World Harmonised Transient Cycle) ersetzt worden. Für die dynamischen Tests (ETC, WHTC) gelten eigene Emissionsgrenzwerte, beispielsweise sind die Partikelgrenzwerte – wegen der zu erwartenden Rußspitzen im dynamischen Betrieb – ungefähr 50 % höher als bei den Stationärtests (ESC, WHSC). Mit Euro VI wurden, ähnlich wie in den USA, die Emissionsbegrenzungen innerhalb eines vorgegebenen Drehzahl- und Drehmomentbereichs („Not-to-Exceed", NTE-Zone) bei be-

liebiger zufälliger Fahrweise eingeführt. Die Emissionen der NTE-Zone haben eigene erhöhte Limits (z. B. für NOx um den Faktor 1,3 höher als das WHTC-Limit). Bis Euro V
war noch ein Rauchtrübungstest (European Load Response, ELR) vorgeschrieben, bei
dem unter Beibehaltung einer konstanten Prüfdrehzahl mehrere Volllaststöße gefahren wurden.

3.3.2.2 Feldüberwachung und Dauerhaltbarkeit

Die Funktion emissionsrelevanter Bauteile wird über die Lebensdauer des Fahrzeugs
nachgewiesen. Die Einhaltung der Emissionsgrenzwerte muss über eine vorgegebene
Fahrstrecke oder eine bestimmte Zeitdauer gewährleistet werden. Drei Klassen mit zunehmenden Anforderungen an die Dauerhaltbarkeit sind zu unterscheiden:

*   leichte Nfz bis 3,5 t zulässiger Gesamtmasse (zGM): 6 Jahre oder 100.000 km (Euro IV
    und Euro V) bzw. 160.000 km (Euro VI),
*   mittelschwere Nfz unter 16 t zGM: 6 Jahre oder 200.000 km (Euro IV und Euro V)
    bzw. 300.000 km (Euro VI) und
*   schwere Nfz über 16 t zGM: 7 Jahre oder 500.000 km (Euro IV und Euro V) bzw.
    700.000 km (Euro VI).

Alternativ zum Dauerhaltbarkeitsnachweis über die geforderte Fahrtstrecke kann der Hersteller fest vorgegebene Verschlechterungsfaktoren anwenden, um welche die Schadstoffemissionen des neuen Fahrzeugs geringer sein müssen als die gesetzlich vorgeschriebenen
Zertifizierungslimits. Die optional vom Gesetzgeber vorgegebenen Verschlechterungsfaktoren betragen im Fall von Euro-VI-Nutzfahrzeugen gleichermaßen für WHSC- und
WHTC-Prüfung:

* NO_x: 1,15
*   CO: 1,3
*   THC (Total Hydrocarbons): 1,3
*   NMHC: 1,1
* CH_4: 1,4
*   PM: 1,05
*   PN: 1,0

Es ist, vergleichbar zur Pkw-Gesetzgebung, ebenso zulässig, individuelle Verschlechterungsfaktoren vom Fahrzeughersteller selbst geeignet zu ermitteln und nachzuweisen.

Eine Überprüfung von in Betrieb befindlichen Euro-VI-Nutzfahrzeugmotoren im Rahmen einer Feldüberprüfung (In-Use Conformity, IUC) erfolgt durch Straßenmessungen,
abweichend zur Emissionszertifizierung mittels Motorenprüfung. Dies soll eine zeitauf-
wendige Motorendemontage aus dem gebrauchten Nutzfahrzeug des Fahrzeugbetreibers
vermeiden.

Die IUC-Straßenmessung erfolgt vergleichbar zur Pkw-RDE-Messung auch beim Nfz durch ein mobiles Messsystem (PEMS). Das gewählte Gebrauchtfahrzeug zur IUC-Messung soll mindestens 25.000 km zurückgelegt haben, PEMS-Messungen werden dann mindestens im zweijährigen Rhythmus wiederholt, bis die vorgeschriebene Lebensdauer-strecke erreicht ist.

Die Fahrstrecke beinhaltet drei Anteile mit Stadt-, Überland- und Autobahnbetrieb. Zu-gehörige Streckenanteile hängen vom Nfz-Gesamtgewicht ab, im Folgenden sind die pro-zentualen Anteile am Beispiel für schwere Nfz > 12t zum Gütertransport (Klasse N3) auf-gelistet:

1. Stadtfahrt: ≤ 50 km/h, Anteil 20 %
2. Überlandfahrt: 50–75 km/h, Anteil 25 %
3. Autobahnfahrt: > 75 km/h, Anteil 55 %

Ein Kaltstartbetrieb ist zurzeit von der Messung ausgeschlossen. Die Bandbreite von 10–100 % der maximalen Nutzlast ist als Zuladung gefordert. Nachdem die Massen-emission der Schadstoffe mit dem mobilen Messsytem (PEMS) ermittelt wurde, kommen Normalisierungstools zum Einsatz. Auf Basis der CO_2-Emission von mindestens sieben WHTC-Zyklen wird die Straßenmessung eingeordnet und bewertet.

3.3.3 Japan-Gesetzgebung für schwere Nfz

In Japan gelten Fahrzeuge mit einem zulässigen Gesamtgewicht über 3,5 t für Gütertrans-port oder Transport von mehr als zehn Personen als schwere Nutzfahrzeuge (zur Fahr-zeugklasseneinteilung siehe Abb. 3.8).

Vergleichbar zur EU-Gesetzgebung werden bei schweren Nutzfahrzeugen neue Grenz-wertstufen auch in Japan in zwei Schritten eingeführt. Im Rahmen der Typgenehmigung (Type Approval, TA) müssen zunächst neue Motortypen die neuen Emissionsgrenzwerte einhalten. Ein Jahr später ist die Einhaltung der neuen Grenzwerte für alle neu gefertigten Fahrzeuge Voraussetzung für die Erteilung der Fahrzeugzulassung. Die derzeitige „Post New Long Term Regulation" (PNLT) ist seit September 2009 in Kraft.

Eine Nachfolgestufe – Post PNLT – ist beschlossen. Schwere Nutzfahrzeuge ohne An-hänger mit einer zulässigen Gesamtmasse zGm > 7,5 t müssen seit Oktober 2016 PNLT-Anforderungen genügen. Bei schweren Sattelschleppzugmaschinen > 7,5 t erfolgt die Typgenehmigung seit Oktober 2017 erfolgen. Nutzfahrzeuge der Klassen 3,5 t < zGm $\leq$ 7,5 t erfüllen seit Oktober 2018 die neuen Post-PNLT-Schadstofflimits. Die Abgasgrenz-werte für schwere Nutzfahrzeuge (HDV) sind in den folgenden Abgasnormen enthalten (Abb. 3.11):

• New Short Term (ab 1. Okt. 2004),
• New Long Term (NLT, ab 1. Okt. 2005),

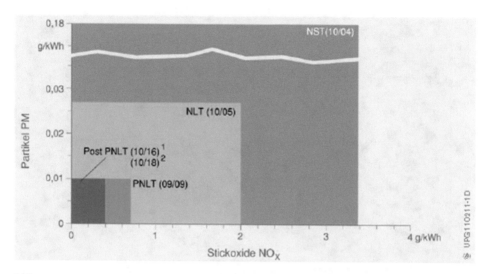

Abb. 3.11 Emissionsgrenzwerte für schwere Nutzfahrzeuge ([1] > 7,5 t; [2] ≤ 7,5 t): NST = New Short Term Regulation; NLT = New Long Term Regulation; PNLT = Post New Long Term Regulation

- Post New Long Term (PNLT, ab 1. Sept. 2009),
- Post PNLT (ab 1. Okt. 2016).

Die derzeitig gültige Post New Long Term Regulation (PNLT) schreibt Grenzwerte vor für:

- Stickoxide (NO_x),
- Partikelmasse (PM),
- Kohlenwasserstoffe (HC),
- Kohlenmonoxid (CO),
- Abgastrübung.

Die Schadstofflimits der Post-PNLT-Stufe bewegen sich auf dem Niveau der Euro-VI-Grenzwerte. Die Emissionen wurden bis Ende 2016 mit dem JE-05-Test, einem Fahrgeschwindigkeitsverlauf, gemessen. Darüber hinaus ist eine zulässige Abgastrübung mittels japanischem Rauchtest (4-MST) nachzuweisen.

Üblicherweise werden schwere Nutzfahrzeugmotoren mit einem Motortest (sekündliche Drehzahl-Drehmoment-Vorgaben) geprüft. Seit 2005 ist aber der oben genannte JE-05-Test mit Überlandteil, einem innerstädtischen Teil sowie einem Autobahnanteil vorgegeben, ähnlich einem Pkw-Transientzyklus. Der Test wird mit warmem Motor gestartet. Das Nutzfahrzeug wird bei der JE-05-Prozedur aber nicht auf einem Rollenprüfstand vermessen, sondern es werden aus den Geschwindigkeits-Zeit-Vorgaben unter Verwendung eines Konvertierungstools (Abb. 3.12) anwendungsfallabhängig sekündliche Drehzahl- und Drehmomentvorgaben berechnet. Das Programm berücksichtigt individuelle Fahr-

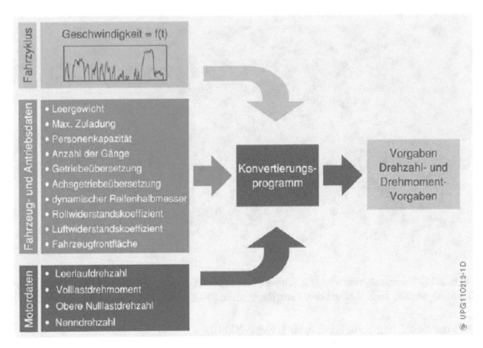

Abb. 3.12 Japan: Konvertierungstool (schematisch) für schwere Nutzfahrzeuge beim JE-05-Test

zeugdaten (z. B. Leergewicht, Zuladung, Getriebeübersetzungen, Fahrwiderstände …)
sowie individuelle Motorkenngrößen (wie z. B. Leerlaufdrehzahl, Volllastdrehmoment,
Höchstdrehzahl …). Damit wird der Vielfalt an Nutzfahrzeugvarianten Rechnung getragen. Seit Ende 2016 sind mit der Post-PNLT-Regulierung die harmonisierten Testzyklen
WHSC und WHTC in Anwendung.

3.3.3.1 Dauerhaltbarkeit

Die Einhaltung der Emissionsgrenzwerte muss über eine vorgegebene Fahrstrecke nachgewiesen werden. Dabei werden drei Klassen mit zunehmenden Anforderungen an die
Dauerhaltbarkeit unterschieden:

- Nfz < 8 t zulässiger Gesamtmasse (zGm): 250.000 km,
- mittelschwere Nfz < 12 t zGm: 450.000 km,
- schwere Nfz > 12 t zGm: 650.000 km.

3.3.3.2 Regionale Programme

Neben den landesweit gültigen Vorschriften für Neufahrzeuge gibt es regionale Vorschriften für den Fahrzeugbestand mit dem Ziel, die Emissionen im Feld durch Ersetzen
oder Nachrüsten alter Dieselfahrzeuge zu senken. Das „Japan Vehicle NO$_x$ and PM Law"
trat 1992 in Kraft, ursprünglich nur mit Anforderungen an Stickoxidemissionen. Ab 2001

wurden auch Partikelemissionsvorschriften mit aufgenommen. Ergänzungen und Änderungen folgten im Jahre 2008. Das Programm ist für dieselgetriebene Pkw, Lieferfahrzeuge, schwere Nutzfahrzeuge für Gütertransport und Busse mit einer zulässigen Gesamtmasse > 3,5 t gültig. Betroffen sind Regionen mit ausgeprägter Luftverschmutzung, hervorgerufen durch Stickoxid- und Partikelemissionen, beispielweise Tokio und Osaka. Die Vorschrift besagt, dass je nach Fahrzeugklasse 9–12 Jahre nach der Erstregistrierung des Fahrzeugs die NO_x- und Partikelgrenzwerte der jeweils vorhergehenden Grenzwertstufe eingehalten werden müssen. Das gleiche Prinzip gilt auch für die Partikelemissionen; hier greift die Vorschrift allerdings schon 7 Jahre nach Erstregistrierung des Fahrzeugs. Das Programm wird vom Ministry of Environment (MOE) geregelt.

3.4 Testzyklen

3.4.1 Testzyklen für Pkw und leichte Nfz

3.4.1.1 FTP-75-Testzyklus

Die Fahrkurve des FTP-75-Testzyklus (Federal Test Procedure) setzt sich aus Geschwindigkeitsverläufen zusammen, die in Los Angeles während des Berufsverkehrs gemessen wurden (Abb. 3.13a). Dieser Testzyklus wird außer in den USA (einschließlich Kalifornien) z. B. auch in einigen Staaten Südamerikas angewandt.

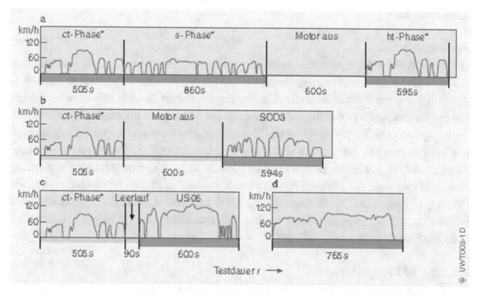

Abb. 3.13 Testzyklen für Pkw und leichte Nfz (USA): **a** FTP 75, **b** SC03, **c** US06, **d** Highway (* ct = Kaltphase, * s = stabilisierte Phase, * ht = Heißtest). Die einzelnen Werte zeigt Tab. 3.3

Konditionierung

Zur Konditionierung wird das Fahrzeug für 6–36 Stunden bei einer Raumtemperatur von 20 … 30 °C abgestellt.

Sammeln der Schadstoffe

Das Fahrzeug wird gestartet und der vorgegebene Geschwindigkeitsverlauf wird nachgefahren. Die emittierten Schadstoffe werden während verschiedener Phasen in getrennten Beuteln gesammelt.

Phase ct (cold transient)

Sammeln des Abgases während der kalten Testphase (0–505 s).

Phase s (cold stabilized)

Beginn der stabilisierten Phase 506 Sekunden nach dem Start. Das Abgas wird ohne Unterbrechen des Fahrprogramms gesammelt. Am Ende der s-Phase, nach insgesamt 1372 Sekunden, wird der Motor für 600 Sekunden abgestellt.

Phase ht (hot transient)

Der Motor wird zum Heißtest erneut gestartet. Der Geschwindigkeitsverlauf stimmt mit dem der kalten Übergangsphase (Phase ct) überein.

Phase hs (hot stabilized)

Für Hybridfahrzeuge wird eine weitere Phase hs gefahren. Sie entspricht dem Verlauf von Phase s. Für andere Fahrzeuge wird angenommen, dass die Emissionswerte identisch mit der s-Phase sind.

Auswertung

Die Beutelproben der ersten beiden Phasen werden in der Pause vor dem Heißtest analysiert, da die Proben nicht länger als 20 Minuten in den Beuteln verbleiben sollten. Nach Abschluss des Fahrzyklus wird die Abgasprobe des dritten Beutels ebenfalls analysiert. Für das Gesamtergebnis werden die Emissionen der drei Phasen mit unterschiedlicher Gewichtung berücksichtigt. Die Schadstoffmassen der Phasen ct und s werden aufsummiert und auf die gesamte Fahrstrecke dieser beiden Phasen bezogen. Das Ergebnis wird mit dem Faktor 0,43 gewichtet. Desgleichen werden die aufsummierten Schadstoffmassen der Phasen ht und s auf die gesamte Fahrstrecke dieser beiden Phasen bezogen und mit dem Faktor 0,57 gewichtet. Das Testergebnis für die einzelnen Schadstoffe (HC, CO und NO_x) ergibt sich aus der Summe dieser beiden Teilergebnisse. Die Emissionen werden als Schadstoffausstoß pro Meile angegeben.

3.4.1.2   SFTP-Zyklen

Die Prüfungen nach dem SFTP-Standard (Supplemental Federal Test Procedure) wurden stufenweise zwischen 2001 und 2004 eingeführt. Sie setzen sich aus folgenden Fahrzyklen zusammen (Tab. 3.3):

Tab. 3.3 Werte zu den Testzyklen aus Abb. 3.13

Testzyklus	a FTP 75	b SC03	c US06	d Highway
Zykluslänge:	17,87 km	5,76 km	12,87 km	16,44 km
Zyklusdauer:	1877 s + 600 s pause	594 s	600 s	765 s
Mittlere Zyklusgeschwindigkeit:	34,1 km/h	34,9 km/h	77,3 km/h	77,4 km/h
Maximale Zyklusgeschwindigkeit:	91,2 km/h	88,2 km/h	129,2 km/h	94,4 km/h

- dem FTP-75-Zyklus (Abb. 3.13a),
- dem SC03-Zyklus (Abb. 3.13b) und
- dem US06-Zyklus (Abb. 3.13c).

Mit den erweiterten Tests sollen folgende zusätzliche Fahrzustände überprüft werden:

- aggressives Fahren,
- starke Geschwindigkeitsänderungen,
- Motorstart und Anfahrt,
- Fahrten mit häufigen geringen Geschwindigkeitsänderungen,
- Abstellzeiten und
- Betrieb mit Klimaanlage.

Beim SC03- und US06-Zyklus wird nach der Vorkonditionierung jeweils die ct-Phase des FTP-75-Zyklus gefahren, ohne die Abgase zu sammeln. Es sind aber auch andere Konditionierungen möglich. Der SC03-Zyklus (nur für Fahrzeuge mit Klimaanlage) wird bei 35 °C und 40 % relativer Luftfeuchte gefahren. Die einzelnen Fahrzyklen werden folgendermaßen gewichtet:

- Fahrzeuge mit Klimaanlage: 35 % FTP 75; 37 % SC03; 28 % US06
- Fahrzeuge ohne Klimaanlage: 72 % FTP 75; 28 % US06

Der SFTP- und der FTP-75-Testzyklus müssen unabhängig voneinander bestanden werden.

3.4.1.3   Testzyklen zur Ermittlung des Flottenverbrauchs

Jeder Fahrzeughersteller muss seinen Flottenverbrauch ermitteln. Überschreitet ein Hersteller die Grenzwerte, muss er Strafabgaben entrichten. Der Kraftstoffverbrauch wird aus den Abgasen zweier Testzyklen ermittelt: dem FTP-75-Testzyklus (Gewichtung 55 %) und dem Highway-Testzyklus (Gewichtung 45 %). Der Highway-Testzyklus (Abb. 3.13d) wird nach der Vorkonditionierung (Abstellen des Fahrzeugs für 12 Stunden bei 20 … 30 °C) einmal ohne Messung gefahren. Anschließend werden die Abgase eines weiteren Durchgangs gesammelt. Aus den CO_2-Emissionen wird der Kraftstoffverbrauch berechnet.

Abb. 3.14 MNEFZ für
Pkw und leichte Nfz
(Europa)

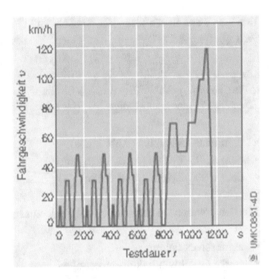

3.4.2 Europäischer Testzyklus für Pkw und leichte Nfz

3.4.2.1 MNEFZ

Der Modifizierte Neue Europäische Fahrzyklus (MNEFZ, Abb. 3.14) wird seit Euro 3 angewandt. Im Gegensatz zum Neuen Europäischen Fahrzyklus (Euro 2), der erst 40 Sekunden nach Start des Fahrzeugs einsetzte, bezieht der MNEFZ auch die Kaltstartphase ein.

Konditionierung
Zur Konditionierung wird das Fahrzeug bei 20 … 30 °C mindestens sechs Stunden abgestellt.

Sammeln der Schadstoffe
Das Abgas wird während zwei Phasen in Beuteln gesammelt, dem innerstädtischen Zyklus (Urban Driving Cycle, UDC) mit maximal 50 km/h und dem außerstädtischen Zyklus
(Extra Urban Driving Cycle, EUDC, auch Überlandfahrt) mit einer maximalen Geschwindigkeit von 120 km/h.

3.4.2.2 WLTC

Der WLTC (World Harmonised Light-Duty Testcycle) ist seit September 2017 gültig und
umfasst bis zu vier Phasen (Low, Medium, High, Extra High; vgl. Abb. 3.15 und 3.16).
Diese sind abhängig von Leistungsgewicht und Höchstgeschwindigkeit des Fahrzeugs.

Konditionierung
Zur Konditionierung wird das Fahrzeug bei 20 … 30 °C mindestens sechs Stunden abgestellt.

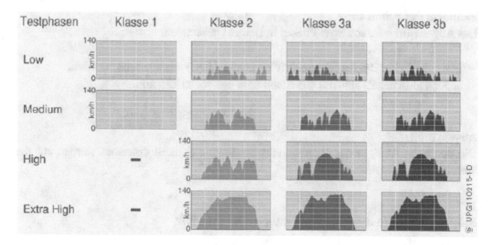

Abb. 3.15 WLTC-Testphasen in Abhängigkeit vom Leistungsgewicht (Europa)

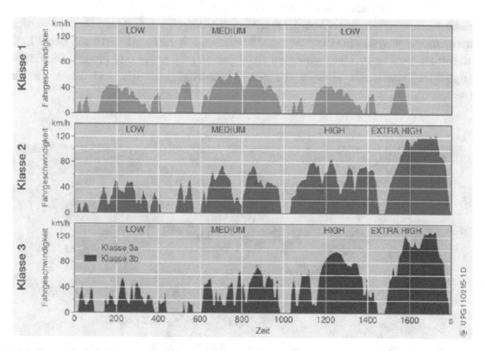

Abb. 3.16 WLTC-Testphasen in Abhängigkeit von der Höchstgeschwindigkeit (Europa)

Sammeln der Schadstoffe

Das Abgas wird während zwei Phasen in Beuteln gesammelt:

- innerstädtischer Zyklus (Urban Driving Cycle, UDC) mit maximal 50 km/h,
- außerstädtischer Zyklus mit Geschwindigkeiten bis zu 120 km/h.

Auswertung

Die durch die Analyse des Beutelinhalts ermittelten Schadstoffmassen werden auf die Wegstrecke bezogen.

3.4.3 Japan-Testzyklus für Pkw und leichte Nfz

Bis Ende 2004 wurden die Schadstoffemissionen mittels eines „10 • 15-Mode"-Heißtests (max. Geschwindigkeit 70 km/h) ermittelt. In der Zeitspanne 2005–2011 wurde der sogenannte JC-08-Testzyklus (Abb. 3.17) schrittweise eingeführt. Kalt- und Heißtest werden nacheinander abgefahren (Gewichtung: 25 % kalt, 75 % heiß). Ab 2018 soll der WLTC eingeführt werden. Im Unterschied zur EU gelten nur die ersten drei Phasen. Die Extra-High-Speed-Phase mit einer maximalen Geschwindigkeit von 135 km/h entfällt (Abb. 3.17).

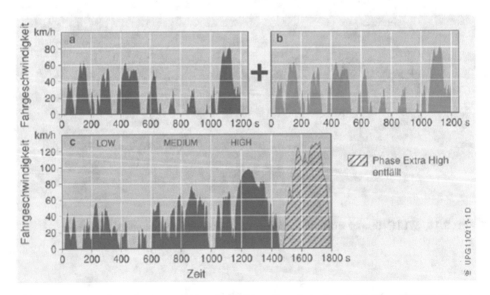

Abb. 3.17 Testzyklen JC 08 (Post New Long Term Regulation) und künftiger WLTC (Japan): **a** JC-08-Kalttest wird zu 25 % berücksichtigt; **b** JC-08-Heißtest wird zu 75 % berücksichtigt; **c** WLTC nur als Kalttest und ohne Extra-High-Phase

3.4.4 Testzyklen für schwere Nutzfahrzeuge

Für schwere Nfz werden alle Testzyklen auf dem Motorprüfstand durchgeführt. Bei den instationären Testzyklen werden die Emissionen nach dem CVS-Prinzip gesammelt und ausgewertet, bei den stationären Testzyklen werden die Rohemissionen gemessen. Die Emissionen werden in g/kWh angegeben.

3.4.4.1 Europa

Für Fahrzeuge mit mehr als 3,5 t zulässigem Gesamtgewicht und mehr als neun Sitzplätzen wird in Europa seit Einführung der Stufe Euro 3 (Oktober 2000) der neue 13-Stufen-Test ESC (European Steady State Cycle, Abb. 3.18) angewendet. Das Testverfahren schreibt Messungen in 13 stationären Betriebszuständen vor, die aus der Volllastkurve des Motors ermittelt werden. Die in den einzelnen Betriebspunkten gemessenen Emissionen werden mit Faktoren gewichtet, ebenso die Leistung. Das Testergebnis ergibt sich für jeden Schadstoff aus der Summe der gewichteten Emissionen, dividiert durch die Summe der gewichteten Leistung. Bei der Zertifizierung können im Testbereich (graues Feld) zusätzlich drei NO_x-Messungen durchgeführt werden. Die NO_x-Emissionen dürfen von denen der benachbarten Betriebspunkte nur geringfügig abweichen. Ziel der zusätzlichen Messung ist es, testspezifische Motoranpassungen zu verhindern.

Mit Euro 3 wurden auch der ETC (European Transient Cycle, Abb. 3.19) zur Ermittlung der gasförmigen Emissionen und Partikel sowie der ELR (European Load Response) zur Bestimmung der Abgastrübung eingeführt. Der ETC gilt in der Stufe Euro 3 nur für Nfz mit „fortschrittlicher" Abgasnachbehandlung (Partikelfilter, NO_x-Katalysator), ab Euro 4 (10/2005) ist er verbindlich für alle Fahrzeuge vorgeschrieben. Der Prüfzyklus ist aus realen Straßenfahrten abgeleitet und gliedert sich in drei Abschnitte – einen inner-

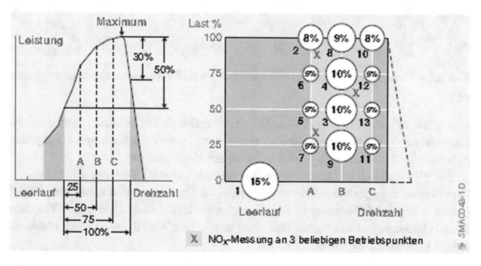

Abb. 3.18 13-Stufen-Test ESC (Europa)

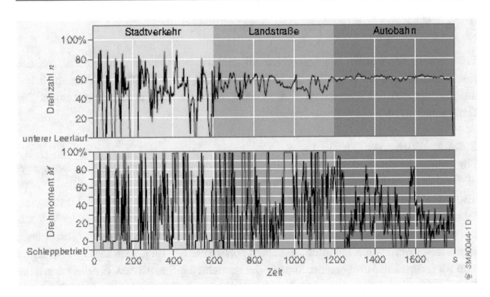

Abb. 3.19 Transient-Fahrzyklus ETC (Europa)

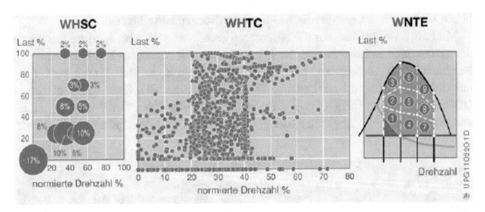

Abb. 3.20 Harmonisierte Testzyklen WHSC, WHTC, WNTE für schwere Nutzfahrzeugmotoren
(Europa)

städtischen Teil, einen Überlandteil und einen Autobahnteil. Die Prüfdauer beträgt 30 Minuten, in Sekundenschritten werden Drehzahl- und Drehmomentsollwerte vorgegeben.
Alle europäischen Testzyklen werden mit warmem Motor gestartet.

Seit 2013 sind weltweit harmonisierte Motorentestzyklen mit Einführung der Euro-VI-
Grenzwertstufe anzuwenden. Die vorgeschriebenen Grenzwerte sind sowohl im WHSC
(World Harmonised Stationary Cycle) als auch im WHTC (World Harmonised Transient
Cycle) gleichermaßen zu erfüllen. Neu hinzu kommt eine WNTE-Zone (World Harmoni-
sed not to Exceed Zone), Abb. 3.20.

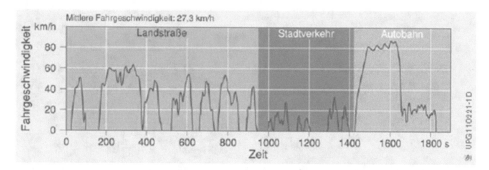

Abb. 3.21 JE-05-Geschwindigkeits-Zeit-Verlauf für schwere Nutzfahrzeugmotoren (Japan). Mittels Konvertierungstool werden Drehzahl- und Drehmomentwerte erzeugt

3.4.4.2 Japan

Die Schadstoffemissionen wurden bis 2005 (New Long Term Regulation, NLT) im japanischen 13-Stufen-Test (Warmtest) stationär ermittelt. Die Betriebspunkte, ihre Abfolge und Gewichtung weichen jedoch vom europäischen 13-Stufen-Test ab. Der Testschwerpunkt liegt im Vergleich zum ESC bei niedrigeren Drehzahlen und Lasten. Bis Ende 2016 wurde ein dynamischer japanischer Testzyklus eingeführt, der JE-05-Testzyklus (Abb. 3.21). Der zeitliche Geschwindigkeitsverlauf wird dabei mithilfe eines Konvertierungsprogramms in Drehzahl- und Drehmomentwerte überführt. Der JE-05-Testzyklus für Nfz besteht aus einem Überlandteil, einem innerstädtischen Teil und einem Autobahnteil (Abb. 3.21). Die Prüfdauer beträgt 1830 Sekunden. Der Test wird mit warmem Motor gestartet. Seit Ende 2016 werden, wie in Europa, die harmonisierten Testzyklen WHSC und WHTC eingesetzt.

3.4.4.3 USA

Motoren für schwere Nfz werden seit 1987 nach einem instationären Fahrzyklus, dem US HDDTC (Heavy-Duty Diesel Transient Cycle) inklusive Kaltstart auf dem Motorprüfstand gemessen (Abb. 3.22). Der Prüfzyklus entspricht im Wesentlichen dem Betrieb eines Motors im Straßenverkehr. Er hat deutlich mehr Leerlaufanteile als der europäische ETC. Daneben wird in einem weiteren Test, dem Federal Smoke Cycle, die Abgastrübung bei dynamischem und quasi-stationärem Betrieb geprüft. Ab dem Modelljahr 2007 müssen die US-Grenzwerte zusätzlich im europäischen 13-Stufen-Test (ESC) erfüllt werden. Darüber hinaus dürfen die Emissionen in der Not-to-Exceed-Zone (d. h. bei beliebiger Fahrweise innerhalb eines vorgegebenen Drehzahl- und Drehmomentbereichs) maximal 50 % über den Grenzwerten liegen (Abb. 3.23).

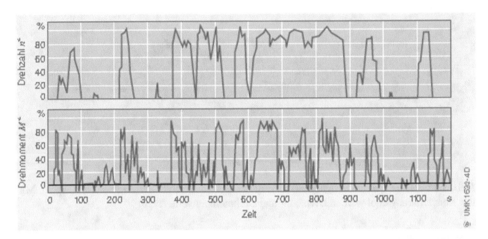

Abb. 3.22 Transient-Fahrzyklus für schwere Nutzfahrzeugmotoren (USA). Der Test wird zweimal hintereinander durchlaufen: zuerst Kalttest, danach Heißtest. Die normierte Drehzahl n^* und das normierte Drehmoment M^* sind vom Gesetzgeber vorgegeben

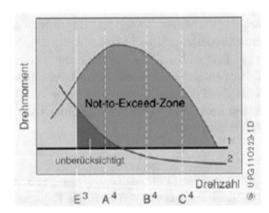

Abb. 3.23 Not-to-Exceed-Test (NTE) mit beliebigem Betrieb im vorgegebenen Kennfeldbereich: 1 = 30 % des maximalen Drehmoments; 2 = 30 %-Kurve der Nennleistung; 3 = Drehzahl E = n_{lo} + 0,15 ($n_{hl} - n_{lo}$), Festlegung der Drehzahlen n_{lo}, n_{hl} entsprechend ESC-Test; 4 = Drehzahlen A, B, C wie ESC-Test

3.5 Kraftstoffverbrauchs- und Treibhausgasgesetzgebung

3.5.1 Pkw und leichte Nutzfahrzeuge

3.5.1.1 USA

Die US-Behörde „US National Highway and Safety Administration" (NHTSA) schreibt dem Autohersteller vor, wie viel Kraftstoff seine Fahrzeugflotte im Mittel pro Meile verbrauchen darf. Der vorgeschriebene CAFE-Wert (Corporate Average Fuel Economy) wird als invertierter Streckenverbrauch in Meilen je Galone Kraftstoff (Miles per Gallon, mpg) formuliert und liegt seit 2016 kombiniert für Pkw und leichte Nfz bei 34,5 mpg. Das entspricht einer CO_2-Emission von 258 g/Meile (= 160 g/km). Neben der NHTSA sind darüber hinaus separate Treibhausgas (Greenhouse Gas, GHG)-Limits der Behörde „Environmental Protection Agency" (EPA) zu erfüllen. Die EPA-Zielwerte für CO_2 betragen 250 g CO_2, dies entspricht umgerechnet einer Fuel Economy von 35,5 mpg. Beide Anforderungen von NHTSA und EPA sind vom Hersteller einzuhalten. Im Oktober 2012 wurde für Fahrzeuge der Modelljahre 2017 bis 2025 die Final Rule zur weiteren Treibhausgasabsenkung sowie zur Verbesserung der Fuel Economy (FE) veröffentlicht. Zunächst werden fahrzeugindividuelle Ziele für CAFE als auch für Treibhausgas auf Basis der Fahrzeugaufstandsfläche (engl. footprint, Spurweite × Radstand) festgelegt. Ein herstellerindividuelles Flottenziel berücksichtigt die Anzahl und damit den Fahrzeugmix an verkauften Modellen, die vorab vom Hersteller abgeschätzt werden muss. Die CAFE-Levels der NHTSA werden kombiniert für Pkw und leichte Nfz bei 49,6 mpg liegen, während die EPA-Treibhausgaslimits (kombiniert) um 163 g/mi CO_2 betragen. Diese Werte beruhen auf oben genannten Abschätzungen. Zur Berechnung der exakten Werte muss der Fahrzeugmix aller verkauften Modelle bekannt sein. Am Ende eines Jahres wird dann für jeden Autohersteller aus den tatsächlich verkauften Fahrzeugen die mittlere „Fuel Economy" berechnet. Für jede 0,1 mpg, die der Grenzwert unterschritten wird, müssen vom Hersteller pro Fahrzeug 5,50 US-$ Strafe an den Staat abgeführt werden. Für Fahrzeuge, die besonders viel Kraftstoff verbrauchen („Gasguzzler", zu Deutsch Spritsäufer), bezahlt der Käufer eine verbrauchsabhängige Strafsteuer. Diese Maßnahmen sollen die Entwicklung von Fahrzeugen mit geringerem Kraftstoffverbrauch vorantreiben. Zur Messung des Kraftstoffverbrauchs werden der FTP-75-Testzyklus und der Highway-Zyklus gefahren.

3.5.1.2 Europa

Aufgrund der Klimaschutzziele führte die EU verbindliche CO_2-Flottenziele für Pkw und für leichte Nfz ein. Die Flotte eines Herstellers muss für jedes Jahr einen Zielwert für die durchschnittliche CO_2-Emission (in g/km) einhalten, sonst werden Strafzahlungen fällig, die von der Höhe der Überschreitung abhängig sind. Es gibt keinen Bonus bei Unterschreitung. Der Zielwert ist herstellerspezifisch und hängt linear vom Durchschnittsgewicht der verkauften Flotte ab. Als Zielwert ist zunächst ein Durchschnittswert über alle verkauften Pkw von 130 g CO_2/km festgelegt. Das entspricht einem Verbrauch von etwa 4,9 l Diesel auf 100 km. Dieser Wert musste ab 2012 für 65 % der verkauften Neuwagen erfüllt werden. Der Prozentsatz wurde bis 2015 stufenweise auf 100 % erhöht. Für leichte Nfz beträgt der Zielwert 175 g CO_2/ km und galt ab 2014 für 70 % der verkauften Fahrzeuge – mit einer stufenweisen Erhöhung auf 100 % bis 2017. Seit 2020 wird dieses Systems mit Zielwerten von 95 g CO_2/km für Pkw und 147 g CO_2/km für leichte Nfz fortgeschrieben. Auf Antrag kann ein Hersteller bis zu 7 g CO_2/km Gutschrift durch „Öko-Innovationen" erreichen.

Das sind fahrzeugseitige Maßnahmen, die sich im Typ-I-Test nicht auswirken, aber im normalen Straßenverkehr zu signifikanten und nachweisbaren CO_2-Minderungen führen.

Eine weitere Besonderheit sind „Super Credits" z. B. für Pkw, die weniger als 50 g CO_2/
km emittieren. Damit sollen Hybride und Plug-in-Hybride gefördert werden.

3.5.1.3 Japan

In Japan sind Maßnahmen zur Reduzierung der CO_2-Emissionen von Pkw geplant. Ein
Vorschlag sieht eine Festschreibung der mittleren „Fuel Economy" (invertierter Streckenverbrauch in km/l) der gesamten Pkw-Flotte vor. Für die Festlegung zukünftiger Anforderungen wird seit 1998 der „Top-Runner"-Ansatz verfolgt: Die Zielwerte für den
nächsten Zeitraum werden auf Basis der besten im Markt verfügbaren Fahrzeuge bestimmt. Es wurden bisher Zielwerte für Pkw und LDV für 2010 (auf Basis von „Mode 10
• 15") und für 2015 (Basis JC 08) festgelegt. Die Vorschriften legen Zielwerte für die
Kraftstoffverbrauchseffizienz in km/l gestaffelt nach Gewichtsklassen (Gesamtfahrzeuggewicht) fest. Hält ein Hersteller seine Zielvorgabe nicht ein, werden Strafzahlungen fällig. Für Pkw gibt es eine weitere Stufe 2020, für die (ähnlich wie in der EU) ein herstellerspezifischer Flottenmittelwert („Corporate Average Fuel Economy") gilt, basierend auf
Gewichtsklassenzielen. Für die japanische Pkw-Flotte betrug für 2015 der Wert 17,0 km/l
Diesel ($\approx$ 155,8 g CO_2/km). Für 2020 ist ein Fuel-Economy-Wert von 20,3 km/l Diesel
vorgesehen ($\approx$ 129,8 g CO_2/km). Käufer von Fahrzeugen mit deutlich höherer Effizienz (+
15 % bzw. + 25 %) als die gesetzlichen Mindeststandards erhalten steuerliche Nachlässe.
Fahrzeuge müssen mit einem Aufkleber mit Daten zum Kraftstoffverbrauch gekennzeichnet werden.

Die gesetzlichen Anforderungen zum Flottenverbrauch für Pkw und leichte Nutzfahrzeuge sind in Abb. 3.24 für die Triade zusammengefasst.

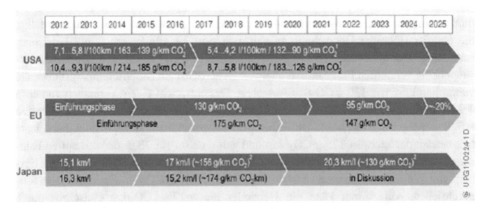

Abb. 3.24 Vergleich der CO_2-Flottenanforderungen für Pkw (blau) und leichte Nutzfahrzeuge
(grau) ([1] Zahlenwerte basierend auf angenommenem Fahrzeug-Modell-Mix; [2] Umrechnung für
Dieselkraftstoff: 1 l/100 km $\approx$ 26,5 g CO_2/km)

3.5.2 Schwere Nutzfahrzeuge

3.5.2.1 USA

Anforderungen an den Kraftstoffverbrauch von schweren Nutzfahrzeugen werden in den USA von zwei Behörden (Environmental Protection Agency (EPA) und National Highway Traffic and Safety Administration (NHTSA)) geregelt. EPA reguliert die CO_2-Grenzwerte, NHTSA schreibt Verbrauchslimits vor. Die Grenzwerte der beiden Behörden weisen individuelle Limits auf, wenn die Größen ineinander umgerechnet werden. Im Zeitraum 2014 bis 2018 ist die derzeitige Greenhouse Gas Regulation (GHG) Phase 1 gültig. Von 2021 bis 2027 soll eine neue GHG-Phase-2-Regulierung eingeführt werden, die eine weitere Reduzierung um 25 % erzielen kann. In Kalifornien wird eine im Vergleich zur EPA strengere Phase-2-Gesetzgebung als notwendig erachtet. Es gibt generell zwei separate Standards für das

- Komplettfahrzeug mit strecken- und nutzlastbezogenem Verbrauch mittels Greenhouse Gas Emission (GEM) Simulation Tool,
- Antriebsaggregat mit leistungsbezogenem Verbrauch aus u. a. US Transient Cycle am Motorprüfstand.

Die Grenzwerte sind sehr vielfältig und hängen von einzelnen Fahrzeugkategorien sowie Anwendungen ab. Neben Fahrzeugmasse und Einsatzzweck gehen z. B. auch Parameter wie Dachhöhe und Art einer ggf. vorhandenen Schlafkabine ein.

3.5.2.2 EU

Die Europäische Kommission hat Mitte 2017 einen Gesetzesentwurf zur Ermittlung von Kraftstoffverbrauch und CO_2-Emission von schweren Nutzfahrzeugen angenommen. Der Entwurf bezieht sich auf schwere Nutzfahrzeuge für Gütertransport der Klassen N2 (3,5 t < zGm ≤ 12 t) und N3 (zul. Gesamtmasse > 16 t). Nichtstraßenfahrzeuge (Non Road Mobile Machinery, NRMM), beispielsweise Radlader, sind ausgenommen. Ein Simulationstool (Vehicle Energy Consumption Calculation Tool, VECTO) ist imstande, CO_2-Emissionen einer großen Bandbreite verschiedener Nutzfahrzeugvarianten zu berechnen.

Eingangsgrößen für VECTO sind Fahrzeug- und Aggregatgrößen wie beispielsweise Luft- und Rollwiderstände, Motorkennfelder, Triebstrangkenngrößen, Art der Nebenaggregate, Daten des Fahrzeuganhängers und weitere. Damit erfolgt eine CO_2-Zertifizierung.

3.5.2.3 Japan

In Japan sind für schwere Nutzfahrzeuge seit 2015 Fuel-Economy-Vorgaben zu erfüllen. Die Fuel Economy ist der invertierte Streckenverbrauch in km/l. Seit 2006 muss das Fahrzeug mit der zugehörigen Fuel Economy zur Kundeninformation gekennzeichnet werden. Die Fuel Economy wird basierend auf zwei Teststreckenvarianten, bestehend aus einer Stadt- und einer Überland-Fahrkurve, ermittelt. Das schwere Nutzfahrzeug wird auch vergleichbar zum Schadstoffemissionsprüflauf nicht auf einem Rollenprüfstand vermessen, sondern unter Anwendung eines Konvertierungstools können Geschwindigkeits-

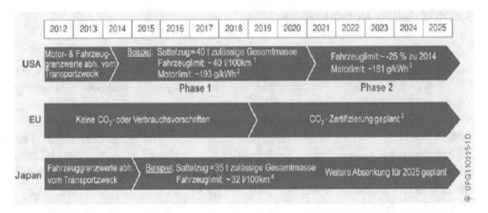

Abb. 3.25 Vergleich der CO$_2$-Flottenanforderungen für schwere Nutzfahrzeuge: GEM = Greenhouse Gas Emission; SET = Supplemental Emissions Test ([1] Berechnung mittels Simulationstool (GEM); [2] US 13 Mode Test (SET); [3] Verbrauchsermittlung, keine Standards; [4] Simulation mit offiziellem Berechnungstool)

Zeit-Vorgaben der Fahrkurven für Stadt- und Überlandfahrt in sekündliche Drehzahl- und Drehmoment-Werte überführt werden (für Motorentests).

Die gesetzlichen Anforderungen zum Flottenverbrauch für schwere Nutzfahrzeuge sind in Abb. 3.25 für die Triade zusammengefasst.

3.6   Abgasmesstechnik

3.6.1   Abgasprüfung für die Typzulassung

Im Rahmen der Typprüfung zur Erlangung der allgemeinen Betriebserlaubnis von Pkw und leichten Nfz wird die Abgasprüfung auf Fahrzeugprüfständen durchgeführt. Die Prüfung unterscheidet sich damit von Abgasprüfungen, die z. B. im Rahmen der Feldüberwachung mit Werkstatt-Messgeräten durchgeführt werden. Die Typprüfung von schweren Nfz erfolgt ohne Fahrzeug auf Motorprüfständen.

Die vorgeschriebenen Testzyklen, die auf dem Fahrzeugprüfstand gefahren werden, sind so definiert, dass der praktische Fahrbetrieb auf der Straße annähernd nachgebildet wird. Die Messung auf einem Fahrzeugprüfstand bietet dabei Vorteile gegenüber der tatsächlichen Straßenfahrt:

- Die Ergebnisse sind gut reproduzierbar, da die Umgebungsbedingungen für das Fahrzeug konstant gehalten werden können.
- Die Tests sind vergleichbar, da ein definiertes Geschwindigkeits-Zeit-Profil unabhängig vom Verkehrsfluss abgefahren werden kann.
- Die erforderliche Messtechnik kann stationär aufgebaut werden und ist nicht wechselnden Einflüssen (Temperatur, Drücke, Vibrationen …) ausgesetzt.

Ein weiterer Bestandteil der Typzulassung in der Europäischen Union für Lastkraftwagen (seit 2011) und Pkw (ab 2017) ist die Überprüfung des Emissionsverhaltens unter realen Fahrbedingungen (Real Driving Emissions, RDE). Das Ziel ist es, den Emissionsausstoß auch im realen Gebrauch zu erfassen. Dafür kommen sogenannte PEMS-Geräte zum Einsatz (Portable Emission Measurement System).

Abgasmessungen auf dem Fahrzeugprüfstand bzw. unter realen Fahrbedingungen mit PEMS werden außer zur Typprüfung auch bei der Entwicklung von Motorkomponenten durchgeführt.

3.6.1.1 Abgasmessungen auf dem Fahrzeugprüfstand
Prüfaufbau

Das zu testende Fahrzeug wird mit den Antriebsrädern auf drehbare Rollen gestellt (Abb. 3.26, Pos. 3). Der Testzyklus wird von einem Fahrer nachgefahren, wobei die geforderte und die aktuelle Fahrzeuggeschwindigkeit kontinuierlich auf einem Fahrerleitmonitor dargestellt werden. In einigen Fällen ersetzt ein Fahrautomat den Fahrer, um durch ein wiederholbareres Abfahren des Testzyklus die Reproduzierbarkeit der Ergebnisse zu erhöhen.

Damit bei der Fahrt auf dem Prüfstand zur Straßenfahrt vergleichbare Emissionen entstehen, müssen die auf das Fahrzeug wirkenden Kräfte – die Trägheitskräfte des Fahrzeugs sowie der Roll- und der Luftwiderstand – nachgebildet werden. Hierzu erzeugen

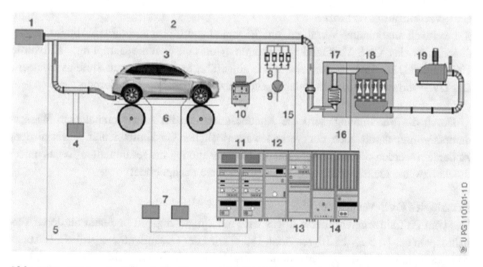

Abb. 3.26 Fahrzeugprüfstand für Pkw und leichte Nfz: 1 = Verdünnungsluft Aktivkohlefilter; 2 = Verdünnungstunnel; 3 = Prüfling; 4 = Opazimeter; 5 = Analyseweg Hintergrundmessung; 6 = Belastungseinrichtung; 7 = Probennahmesystem für Rohabgas; 8 = Filterhalter für Gravimetrie; 9 = Pumpe; 10 = Partikelzähler; 11 = Rohabgasmessanlagen; 12 = Partikelmesseinrichtung; 13 = verdünnte Abgasmessanlage; 14 = beheizter Beutelschrank; 15 = Analyseweg verdünnt kontinuierlich; 16 = Probennahme Luft- und Abgasbeutel; 17 = Wärmetauscher; 18 = Verdünnungsanlage CVS mit Venturi-Düsen; 19 = Gebläse

Asynchronmaschinen, Gleichstrommaschinen oder auf älteren Prüfständen auch Wirbel-strombremsen eine geeignete, geschwindigkeitsabhängige Last, welche auf die Rollen wirkt und vom Fahrzeug überwunden werden muss. Zur Trägheitssimulation kommt bei neueren Anlagen eine elektrische Schwungmassensimulation zum Einsatz. Ältere Prüf-stände verwenden reale Schwungmassen unterschiedlicher Größe, die sich über Schnell-kupplungen mit den Rollen verbinden lassen und so die Fahrzeugmasse nachbilden. Ein in definierter Entfernung vor dem Fahrzeug aufgestelltes Fahrtwindgebläse sorgt für die nö-tige Kühlung des Motors.

Das Auspuffrohr des zu testenden Fahrzeugs wird gasdicht an das Abgassammel-system – das im Weiteren beschriebene Verdünnungssystem – angeschlossen. Dort wird ein Teil des verdünnten Abgases gesammelt und nach Abschluss des Fahrtests bezüglich der limitierten Schadstoffe (Kohlenwasserstoffe, Stickoxide und Kohlenstoffmonoxid), Partikelmasse und -anzahl sowie Kohlenstoffdioxid (zur Bestimmung des Kraftstoffver-brauchs) analysiert. Zusätzlich kann zu Entwicklungszwecken an Probennahmestellen in der Abgasanlage des Fahrzeugs oder im Verdünnungssystem ein Teilstrom des Abgases kontinuierlich entnommen und bezüglich der auftretenden Schadstoffkonzentrationen untersucht werden. Das komplette Probennahmesystem inklusive des Abgasmessgeräts für Kohlenwasserstoffe wird auf 190 °C beheizt, um die Kondensation von Wasser und hochsiedenden Kohlenwasserstoffen zu vermeiden. Zusätzlich kommt ein Verdünnungs-tunnel mit hoher innerer Strömungsturbulenz zum Einsatz sowie Partikelfilter, aus deren Gewichtszunahme die Partikelemissionen ermittelt werden.

CVS-Verdünnungsverfahren

Ein weltweit anerkanntes Verfahren, um die von einem Motor emittierten Abgase zu ver-dünnen, ist das CVS-Verdünnungsverfahren (Constant Volume Sampling). Es wurde 1972 in den USA für Pkw und leichte Nfz eingeführt und in mehreren Stufen verbessert. Das CVS-Verfahren wird u. a. in Japan eingesetzt, seit 1982 auch in Europa.

Durch die Verdünnung wird die Kondensation des im Abgas enthaltenen Wasser-dampfs – und damit auch der Verlust wasserlöslicher Gaskomponenten – vermieden. Außerdem werden durch die Verdünnung Nachreaktionen im gesammelten Abgas unter-drückt bzw. die reale Verdünnung in der Atmosphäre nachgebildet.

Prinzip des CVS-Verfahrens

Das vom Prüffahrzeug emittierte Abgas wird mit Umgebungsluft in einem mittleren Ver-hältnis von ca. 1 : 5 … 1 : 10 verdünnt. Dabei wird der Gesamtvolumenstrom aus Abgas und Verdünnungsluft durch Verwendung einer kritisch (d. h. mit Schallgeschwindigkeit) durchströmten Venturi-Düse konstant gehalten. Die Zumischung von Verdünnungsluft ist also abhängig vom momentanen Abgasvolumenstrom. Aus dem verdünnten Abgasstrom wird kontinuierlich eine Probe entnommen und in einem oder mehreren Abgasbeuteln ge-sammelt. Die Befüllung der Beutel korrespondiert im Allgemeinen mit den Phasen der

Testzyklen. Zur Bestimmung der Schadstoffkonzentration in der Verdünnungsluft werden kontinuierlich Proben davon entnommen und in die Luftbeutel gefüllt. Der Volumenstrom der Probennahme ist dabei innerhalb einer Beutelfüllphase konstant. Am Ende des Fahrzyklus entspricht die Schadstoffkonzentration in den Abgasbeuteln dem Mittelwert der Konzentrationen im verdünnten Abgas über den Zeitraum der Beutelbefüllung. Aus diesen Konzentrationen und aus dem Volumen des insgesamt geförderten Luft-Abgas-Gemischs werden – unter Berücksichtigung der in der Verdünnungsluft enthaltenen Schadstoffe – die während des Tests emittierten Schadstoffmassen berechnet.

Verdünnungsanlagen
Es gibt zwei alternative Verfahren zur Realisierung eines konstanten verdünnten Abgasvolumenstroms:

- PDP-Verfahren (Positive Displacement Pump): Verwendung eines Drehkolbengebläses (Roots-Gebläse),
- CFV-Verfahren (Critical Flow Venturi): Verwendung von Venturi-Düsen im kritischen Zustand in Verbindung mit einem Standardgebläse.

Weiterentwicklung des CVS-Verfahrens
Die Verdünnung des Abgases führt zu einer Reduzierung der Schadstoffkonzentrationen im Verhältnis der Verdünnung. Da die Schadstoffemissionen in den letzten Jahren aufgrund der Verschärfung der Emissionsgrenzwerte deutlich reduziert wurden, entsprechen die Konzentrationen einiger Schadstoffe (insbesondere Kohlenwasserstoffverbindungen) in bestimmten Testphasen im verdünnten Abgas nahezu den Konzentrationen in der Verdünnungsluft. Dies ist messtechnisch gesehen problematisch, da für die Bestimmung der Schadstoffemission die Differenz der beiden Werte ausschlaggebend ist. Eine weitere Herausforderung stellt die Messgenauigkeit der eingesetzten Messgeräte bei kleinen Konzentrationen dar. Um diesen Problemen zu begegnen, werden mit neueren CVS-Verdünnungsanlagen folgende Maßnahmen getroffen:

- Absenkung der Verdünnung: Das erfordert Vorkehrungen gegen Kondensation von Wasser, z. B. Beheizung von Teilen der Verdünnungsanlagen oder das Trocknen der Verdünnungsluft.
- Verringerung und Stabilisierung der Schadstoff- und Partikelkonzentrationen in der Verdünnungsluft, z. B. durch Filter oder Adsorption an Aktivkohle.
- Optimierung der eingesetzten Messgeräte (einschließlich Verdünnungsanlagen), z. B. durch Auswahl bzw. Vorbehandlung der verwendeten Materialien und Anlagenaufbauten, Verwendung angepasster elektronischer Bauteile und spezieller Messbereiche.
- Optimierung der Prozesse, z. B. durch spezielle Spülprozeduren oder komplett getrennte Entnahmelinien für serienreife bzw. Vorentwicklungsprojekte.

Bag Mini Diluter

Als Alternative zu den beschriebenen Verbesserungen der CVS-Technik wurde ein neuer Typ einer Verdünnungsanlage entwickelt, der Bag Mini Diluter (BMD). Hier wird ein Teilstrom des Abgases in einem konstanten Verhältnis mit einem getrockneten, aufgeheizten Nullgas (z. B. gereinigter Luft) verdünnt. Von diesem verdünnten Abgasstrom wird während des Fahrtests wiederum ein zum Abgasvolumenstrom proportionaler Teilstrom in Abgasbeutel gefüllt und nach Beendigung des Fahrtests analysiert. Durch die Verdünnung mit einem schadstofffreien Nullgas entfallen Luftbeutelanalyse und die anschließende Differenzbildung von Abgas zu Luftbeutelkonzentrationen. Es ist allerdings ein größerer apparativer Aufwand als beim CVS-Verfahren erforderlich, u. a. durch die notwendige Bestimmung des (unverdünnten) Abgasvolumenstroms für die proportionale Beutelbefüllung.

Prüfung von Nfz

Der in den USA (seit 1986) und in Europa (seit 2005) vorgeschriebene Transient-Test für die Emissionsprüfung von Dieselmotoren in schweren Nfz über 8500 lb (USA) bzw. über 3,5 t (Europa) wird auf dynamischen Motorprüfständen durchgeführt und benutzt ebenfalls die CVS-Testmethode. Die Größe der Motoren erfordert jedoch zur Einhaltung gleicher Verdünnungsverhältnisse wie bei Pkw und leichten Nfz eine Testanlage mit erheblich größerer Durchsatzkapazität. Die vom Gesetzgeber zugelassene doppelte Verdünnung (über Sekundärtunnel) trägt dazu bei, den apparativen Aufwand zu begrenzen. Der verdünnte Abgasvolumenstrom kann wahlweise mit einem geeichten Roots-Gebläse oder mit Venturi-Düsen im kritischen Zustand realisiert werden.

3.6.1.2 RDE – Abgasmessung auf der Straße

Beim RDE-Verfahren für Pkw erfolgt eine Abgasmessung unter realen Fahrbedingungen im Straßenverkehr. Dafür muss eine Strecke abgefahren werden, die ca. jeweils ein Drittel Stadt-, Überland- und Autobahnanteil enthält. Die Abschnitte müssen nicht am Stück gefahren werden und die Reihenfolge der Abschnitte kann beliebig sein, allerdings muss der Test mit mindestens 16 km Stadtfahrt beginnen, wobei eine maximale Geschwindigkeit von 60 km/h gilt und eine Durchschnittsgeschwindigkeit von 15 … 30 km/h zu erreichen ist. Der Kaltstart wird dabei nicht mehr ausgeschlossen. Neben Vorgaben zu Maximal- und Durchschnittsgeschwindigkeiten gibt es auch Vorgaben zur erlaubten Häufigkeit und Länge von Stopp-Phasen, der sogenannten kumulierten Höhe (max. 1200 m pro 100 km im Gesamttest und Stadtanteil), der absoluten Höhe (Normal: bis 700 m; Extended: bis 1300 m), den Umgebungstemperaturen (Normal: 3 … 30 $^{\circ}$C; Extended: -2 … $+3$ $^{\circ}$C und 30 … 35 $^{\circ}$C) etc. Werden Emissionswerte unter sogenannten Extended-Bedingungen ermittelt, werden sie, durch einen Faktor von 1,6 gemindert, in die Gesamtberechnung mit einbezogen. Zurzeit gibt es neben der reinen Berechnung der Schadstoffmassenemissionen noch mehrere Normalisierungstools, die zum Beispiel auf Basis der CO_2-Konzentration im WLTC-Zyklus die Straßenmessung einordnen oder andere Parameter wie die Geschwindigkeit, multipliziert mit der positiven Beschleunigung, zur Bewertung und ggf. zum Ausschluss von Messpunkten heranziehen [1].

Die Massenemissionen in g/km der Schadstoffe Stickoxide (NO_x), Kohlenstoffmonoxid (CO) und Partikelanzahl werden dabei mit einem mobilen Messsystem (PEMS) ermittelt. Das System wird meist auf der Anhängerkupplung befestigt (Abb. 3.27) oder alternativ im Kofferraum verbaut und beinhaltet die Gasanalytik zur Messung der Konzentrationen an CO und CO_2 (typisch ist dafür das NDIR-Verfahren) sowie NO_x (mittels NDUV- oder CLD-Verfahren). Die Partikelanzahlkonzentration wird mit einem mobilen CPC (Condensation Particle Counter) oder Diffusion Charger Sensor ermittelt. Zur Berechnung der Massenemissionen müssen zusätzlich der Abgasvolumenstrom (typischerweise mit einem Pitot Flow Meter) und die Abgastemperatur, Umgebungsdruck, -temperatur, -feuchte sowie Streckendaten (GPS) aufgezeichnet werden.

Die Analysatoren müssen also einen großen Messbereich abdecken, das gesamte System muss möglichst kompakt, leicht und unempfindlich gegenüber schwankenden Umgebungsbedingungen, Erschütterungen etc. sein und dabei wenig Energie verbrauchen, da der Betrieb fahrzeugunabhängig über Batterien erfolgt.

Das Verfahren für Nfz ist ähnlich. Es werden aber außerdem die Partikelmasse mit der Filtermethode und die Konzentration der Gesamt-Kohlenwasserstoffe (THC mit FID-Analysator) bestimmt und die Emissionen werden wie am Motorprüfstand auf die übertragene mechanische Energie bezogen (Einheit g/kWh).

3.6.2   Abgasmessgeräte

Die jeweiligen Abgasgesetzgebungen sehen zur Messung der limitierten Schadstoffe bestimmte Messverfahren vor wie z. B.:

Abb. 3.27   Fahrzeug mit portabler Messtechnik

- Messung der CO- und CO_2-Konzentration mittels nichtdispersiven Infrarot-Analysatoren (NDIR),
- Bestimmung der NO_x-Konzentration (Summe von NO und NO_2) mit Chemilumineszenz-Detektoren (CLD) oder nichtdispersiven Ultraviolett-Analysatoren,
- Messung der Gesamt-Kohlenwasserstoffkonzentration (THC) und von Methan (CH_4) mittels Flammenionisations-Detektor (FID); bestimmte weitere Kohlenwasserstoffe werden mittels Gaschromatograph, Fourier-Transformations-Infrarot-Spektrometer (FTIR) oder fotoakustisch nachgewiesen,
- Lachgas (N_2O) mittels Quantenkaskadenlaser, FTIR-Spektrometer, NDIR-Analysator oder fotoakustisch gemessen,
- gravimetrische Bestimmung der Partikelemissionen mittels Filter und Waage,
- Ermittlung der Partikelanzahl unter Verwendung eines Kondensationskernzählers (für RDE-Tests ist auch ein Diffusion Charger zugelassen).

3.6.2.1 NDIR-Analysator

Der NDIR-Analysator (nichtdispersiver Infrarot-Analysator) nutzt die Eigenschaft von Gasen (wie z. B. bei CO und CO_2), ein elektrisches Dipolmoment zu besitzen. Diese absorbieren Infrarot-Strahlung in einem schmalen charakteristischen Wellenlängenbereich. Im NDIR-Analysator durchströmt das zu analysierende Gas die Absorptionszelle (Küvette, Abb. 3.28, Pos. 2) und wird dort von Licht im Infrarot-Bereich durchstrahlt. Dabei absorbiert es einen zur Konzentration des untersuchten Schadstoffs proportionalen Anteil der Strahlungsenergie im charakteristischen Wellenlängenbereich des Schadstoffs. Eine dazu parallel angeordnete Referenzzelle (7) ist mit einem Inertgas (z. B. Stickstoff) gefüllt.

An dem der Infrarot-Lichtquelle gegenüberliegenden Ende der Zellen befindet sich der Detektor (9) zur Messung der Restenergie der Infrarotstrahlung aus Mess- und Referenzzelle. Er besteht z. B. aus zwei durch ein Diaphragma verbundenen Kammern, die Proben

Abb. 3.28 NDIR-Analysator:
1 = Gasausgang;
2 = Absorptionszelle;
3 = Eingang Messgas;
4 = optischer Filter;
5 = Infrarot-Lichtquelle;
6 = Infrarot-Strahlung;
7 = Referenzzelle;
8 = Chopperscheibe;
9 = Detektor

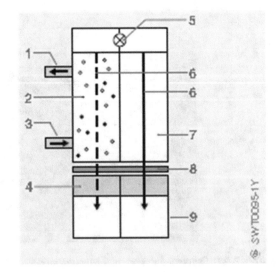

der zu untersuchenden Gaskomponente enthalten. In einer Kammer wird die charakteristische Strahlung aus der Referenzzelle absorbiert, in der anderen die abgeschwächte Strahlung aus der Messgasküvette. Die Differenz der in den beiden Detektorkammern ankommenden und absorbierten Strahlung führt zu einer Druckdifferenz und damit zu einer Auslenkung der Membran zwischen Mess- und Referenzdetektor. Diese Auslenkung dient als Maß für die Konzentration in der Messgasküvette. Eine rotierende Chopperscheibe (8) unterbricht zyklisch die Infrarot-Strahlung; dies führt zu einer wechselnden Auslenkung der Membran und damit zu einer Modulation des Sensorsignals. Alternativ können auch Halbleiterfotodioden, pyroelektrische Sensoren oder ein fotoakustisches Prinzip eingesetzt werden.

NDIR-Analysatoren besitzen eine starke Querempfindlichkeit gegen Wasserdampf im Messgas, da H_2O-Moleküle über einen größeren Wellenlängenbereich Infrarotstrahlung absorbieren. Aus diesem Grund werden NDIR-Analysatoren bei Messungen am unverdünnten Abgas hinter einer Messgasaufbereitung (z. B. Gaskühler) angeordnet, die für eine Trocknung des Abgases sorgt.

3.6.2.2 NDUV-Analysator

Der nichtdispersive Ultraviolett-Analysator arbeitet nach einem ähnlichen Prinzip wie der NDIR-Analysator, jedoch kommt eine Strahlungsquelle zum Einsatz, die Licht im Ultraviolett-Bereich statt Infrarot-Bereich emittiert. Er findet zum Beispiel Verwendung zur Messung von NO und NO_2. Diese Moleküle absorbieren Strahlungsenergie im Wellenlängenbereich 200 … 500 nm und wandeln sie in Schwingungsenergie um. Die absorbierte Strahlungsenergie ist proportional zur Gaskonzentration.

3.6.2.3 Chemilumineszenz-Detektor (CLD)

Der CLD ist durch sein Messprinzip auf die Bestimmung der NO-Konzentration beschränkt. Zur Messung der Summe aus NO_2- und NO-Konzentration wird das Messgas zuvor durch einen Konverter geleitet, der NO_2 zu NO reduziert.

Zur Bestimmung der Stickstoffmonoxidkonzentration (NO) wird das Messgas in einer Reaktionskammer mit Ozon, das in einer Hochspannungsentladung aus Sauerstoff erzeugt wird, gemischt (Abb. 3.29). Das im Messgas enthaltene NO oxidiert in dieser Umgebung zu NO_2, wobei sich die entstehenden Moleküle in einem angeregten Zustand befinden. Die bei der Rückkehr dieser Moleküle in den Grundzustand frei werdende Energie wird in Form von Licht freigesetzt (Chemilumineszenz). Ein Detektor, z. B. ein Photomultiplier, misst die emittierte Lichtmenge, die unter definierten Bedingungen proportional zur NO-Konzentration im Messgas ist. Entnahmeleitungen wie auch der Detektor sind üblicherweise beheizt, da sonst die Kondensation von Wasser zum Verlust von wasserlöslichen Bestandteilen wie z. B. bei NO_2 führen würde.

3.6.2.4 Flammenionisations-Detektor (FID)

Die im Messgas vorhandenen Kohlenwasserstoffe werden dabei in einer Wasserstoffflamme verbrannt (Abb. 3.30). Dabei kommt es zur Bildung von Kohlenstoffradikalen und

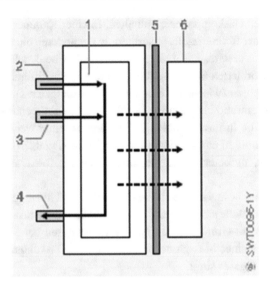

Abb. 3.29 Chemilumineszenz-Detektor: 1 = Reaktionskammer; 2 = Eingang Ozon; 3 = Eingang Messgas; 4 = Gasausgang; 5 = Filter; 6 = Detektor

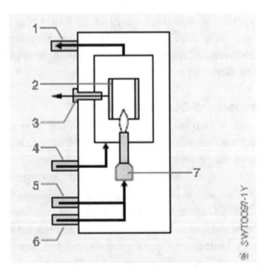

Abb. 3.30 Flammenionisations-Detektor: 1 = Gasausgang; 2 = Sammelelektrode; 3 = Verstärker; 4 = Luftzufuhr; 5 = Eingang Messgas; 6 = Brenngas (H2/He); 7 = Brenner

zur temporären Ionisierung eines Teils dieser Radikale. Die Radikale werden an einer Sammelelektrode entladen; der entstehende Strom ist näherungsweise proportional zur Anzahl der oxidierbaren Kohlenstoffatome im Messgas, jedoch muss je nach Art der Moleküle mit einer Strukturempfindlichkeit gerechnet werden, d. h., verschiedene Kohlewasserstoffmoleküle werden leicht unterschiedlich ionisiert. Als Kalibriergas dient normalerweise Propan oder Methan. Auch hier sind Messgasleitung und Analysator zur Vermeidung von Kondensation beheizt.

3.6.2.5 Messung der Partikelemissionen

Für die Bestimmung der Partikelemissionen im Rahmen der Typprüfung ist das gravimetrische Verfahren sowie von einigen Gesetzgebern zusätzlich die Partikelzählung vorgeschrieben.

Gravimetrisches Verfahren (Partikelfilter-Verfahren)

Aus dem Verdünnungstunnel wird während des Tests ein Teilstrom des verdünnten Abgases entnommen und durch die leer verwogenen Filterpapiere (z. B. Teflon-beschichtete Quarzglasfilter) geleitet. Aus der Gewichtszunahme der (konditionierten) Filterpapiere kann unter Berücksichtigung der Volumenströme die Partikelemission berechnet werden. Als Partikelmasse gilt all das, was sich bei Temperaturen $\leq 52\ °C$ auf dem Filter anlagert, wobei grobe Partikel größer 2,5 µm idealerweise vorher z. B. durch einen geeigneten Partikelabscheider zurückgehalten werden. Sie stammen nicht aus dem Abgas, sondern sind Agglomerate, die sich von der Tunneloberfläche oder den Ventilen lösen.

Das gravimetrische Verfahren hat folgende Einschränkungen:

- Es ist keine zeitaufgelöste Bestimmung der Partikelemissionen möglich.
- Eine für Anwendungen nach Partikelfilter schlechte Nachweisgrenze, die auch durch einen hohen apparativen Aufwand (z. B. Optimierung der Verdünnung) nur eingeschränkt verbessert werden kann.
- Das Verfahren ist aufwendig, da die Partikelfilter konditioniert werden müssen, um thermische Effekte bei der Wiegung zu minimieren.
- Es wird nur die Masse der Partikel gemessen, aber es ist keine Bestimmung der chemischen Zusammensetzung oder der Partikelgrößenverteilung möglich.

Partikelzählung

Wegen der schlechten Reproduzierbarkeit bei kleinen Konzentrationen (z. B. nach einem Partikelfilter) und um der Tatsache Rechnung zu tragen, dass bei sehr kleinen Partikeln als Maß für eine potenzielle Gesundheitsgefährdung eher die Oberfläche als die Masse ausschlaggebend ist, wurde mit der Euronorm 5b ein zusätzlicher Grenzwert eingeführt: die Partikelanzahl pro Strecke bzw. abgegebene mechanische Energie. Die gesetzeskonforme Bestimmung der Partikelanzahl erfolgt mittels Kondensationskernzähler (Condensation Particle Counter, CPC).

Auch bei diesem Verfahren sollen Partikel größer 2,5 µm vorher abgeschieden werden. Es sollen möglichst nur feste Partikel größer 23 nm im Zähler erfasst werden. Die Probennahme eines Teilstroms an bereits verdünntem Abgas erfolgt zur Vermeidung von Thermophorese (Partikeltransport aufgrund von Temperaturunterschieden) beheizt. Es folgt eine heiße erste

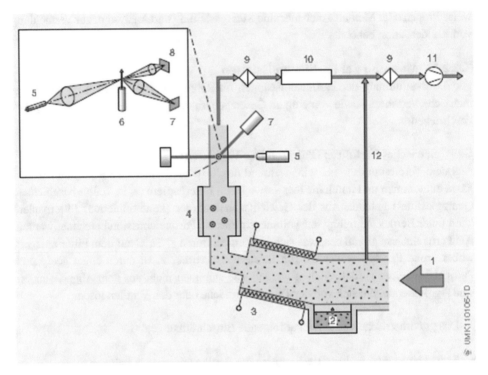

Abb. 3.31 Kondensationskernzähler CPC (Partikelzählung mittels Streulicht): 1 = Aerosolstrom (enthaltene Partikel sind zu klein, um sie mit Streulichtmethode zu erfassen); 2 = n-Butanol; 3 = beheizte Sättigungsstrecke mit n-Butanol-Zumischung; 4 = Kondensation des Butanols an den Partikeln; 5 = Laserdiode; 6 = Aerosolzugabe; 7 = Streulichtdetektor; 8 = Referenzdetektor; 9 = Luftfilter; 10 = Durchflussmesser; 11 = Vakuumpumpe; 12 = Bypassstrom

Verdünnung zur Vermeidung von Kondensation und Tröpfchenbildung. Eventuell noch vorhandene Tröpfchen sollen in einem „Volatile Particle Remover" (VPR) z. B. einer Verdampferröhre verflüchtigt werden. Eine weitere, kalte Verdünnung folgt. Auf einer Sättigungsstrecke im Kondensationskernzähler wird n-Butanol verdampft (Abb. 3.31, Pos. 3). Das mit Butanol gesättigte Gasgemisch wird stromabwärts abgekühlt, es kommt zu einer definierten Übersättigung und heterogener Kondensation (d. h. Tröpfchenbildung an bereits vorhandenen Kondensationskeimen). Durch die gezielte Temperaturführung und damit der definierten Übersättigung kann die unterste Partikelgröße, die noch als Kondensationskeim dienen kann, beeinflusst werden. Durch die Verdünnung und das Aufheizen in der Verdampferröhre wird sichergestellt, dass nur Partikel mit festem Kern gezählt werden. Die Partikelanzahl der vergrößerten Partikel kann dann mittels Streulichtverfahren kontinuierlich ermittelt werden. Durch Integration erhält man die Anzahl der Partikel pro Fahrtest oder Kilometer.

Diffusionsladungssensor
Der Diffusionsladungssensor (Diffusion Charger Sensor, DCS) kann sowohl zur Ermittlung dynamischer Partikelmassekonzentrationen als auch der Partikelanzahl-

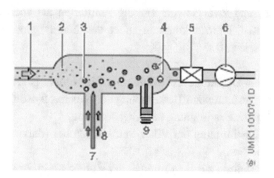

Abb. 3.32 Diffusionsladungssensor: 1 = Abgasprobe; 2 = Rußpartikel; 3 = Ionen; 4 = geladene Rußpartikel; 5 = Elektrometer; 6 = Pumpe; 7 = Korona-Entladung; 8 = Frischluft; 9 = Ionenfalle

konzentration verwendet werden [2]. Die Partikel werden in die Messzelle des DCS geleitet, wo die Oberfläche der Partikel durch eine Korona-Entladung aufgeladen wird (Abb. 3.32). Die Bewegung der Partikel zum Detektor verursacht einen Ladungstransport, der als Strom gemessen werden kann. Da die Anzahl elektrisch geladener Teilchen proportional zur Partikeloberfläche ist, kann die Gesamtpartikeloberfläche pro Volumeneinheit aus dem Stromfluss im Detektor ermittelt werden. Messbar sind Partikel in einem Größenbereich von ca. 10 … 1000 nm. Wenn der DCS nur feste Partikel bestimmen soll, wird ein beheizter Verdünner (191 °C) vorgeschaltet, der im Vorfeld flüchtige organische Stoffe, die auch an der Oberfläche der Festpartikel sitzen können, verdampfen soll. Wenn Korrelationen für das Verhältnis von Rußmasse zu Gesamtpartikeloberfläche vorliegen (zum Beispiel aus Motortests), kann der DCS-Output kontinuierlich in die Massenkonzentration umgewandelt werden. Mittels geeigneter Korrelationen kann auf Partikelmasse oder Anzahl geschlossen werden.

Bestimmung der Partikel-Größenverteilung
Messgeräte, mit denen eine Größenverteilung der Partikel im Abgas ermittelt werden kann, sind z. B.:

- Scanning Mobility Particle Sizer (SMPS),
- Electrical Low Pressure Impactor (ELPI),
- Differential Mobility Spectrometer (DMS).

Diese Verfahren werden aktuell nur für Forschungszwecke eingesetzt.

3.6.3 Abgasmessung in der Motorenentwicklung

Zu Entwicklungszwecken erfolgt auf vielen Prüfständen zusätzlich die kontinuierliche Bestimmung von Schadstoffkonzentrationen in der Abgasanlage des Fahrzeugs oder im

Verdünnungssystem, und zwar sowohl für die limitierten als auch für weitere, nicht-limitierte Komponenten. Hierfür kommen außer den bereits genannten Messverfahren weitere zum Einsatz wie z. B.:

- Flammenionisations-Detektor zur Bestimmung der Methan-Konzentration (CH_4),
- paramagnetisches Verfahren zur Bestimmung der Sauerstoff-Konzentration (O_2),
- Trübungsmessung zur Bestimmung der Abgastrübung,
- Smokemeter zur Bestimmung der Filter Smoke Number (daraus näherungsweise die Partikelmassenemission),
- fotoakustisches Verfahren zur Bestimmung der Rußmasse im Abgas.

Mittels Multikomponenten-Analysatoren können weitere Analysen durchgeführt werden:

- Massenspektroskopie,
- FTIR (Fourier-Transformations-Infrarot)-Spektroskopie,
- IR-Laserspektroskopie.

3.6.3.1 GC-FID und Cutter-FID

Für die Bestimmung der Methan-Konzentration im Messgas gibt es zwei gleichermaßen verbreitete Verfahren, die jeweils aus der Kombination eines CH_4-separierenden Elements und eines Flammenionisations-Detektors bestehen. Zur Separation des Methans wird dabei entweder eine Gaschromatografensäule (GC-FID) eingesetzt oder ein beheizter Katalysator, der die Nicht-CH_4-Kohlenwasserstoffe oxidiert (Cutter-FID). Der GC-FID kann im Gegensatz zum Cutter-FID die CH_4-Konzentrationen lediglich diskontinuierlich bestimmen (typisches Intervall zwischen zwei Messungen: 30 … 45 s).

3.6.3.2 Paramagnetischer Detektor (PMD)

Paramagnetische Detektoren gibt es (herstellerabhängig) in verschiedenen Bauformen. Das Messprinzip beruht darauf, dass Magnetfelder auf Moleküle mit paramagnetischen Eigenschaften (z. B. Sauerstoff) wirken, was zu einer Ausrichtung der Dipole entsprechend dem Magnetfeld führt und dieses verstärkt. Die Bewegung der Moleküle kann z. B. über einen Hitzdrahtsensor oder über einen Strömungssensor detektiert werden und gibt Aufschluss über die vorliegende Konzentration der Moleküle.

3.6.3.3 Trübungsmessgerät (Absorptionsmethode)

In einer Messkammer durchleuchtet ein Lichtstrahl das Dieselabgas (Abb. 3.33). Die Lichtschwächung wird fotoelektrisch gemessen und in Prozent Trübung T [%] oder als Absorptionskoeffizient k [1/m] angegeben. Eine definierte Messkammerlänge und das Freihalten der optischen Fenster von Ruß durch Luftvorhänge sind Voraussetzung für hohe Genauigkeit und gute Reproduzierbarkeit der Messergebnisse. Der Vorteil des Trübungs-messgeräts (Opazimeter) liegt darin, dass es je nach Gaswechselrate Spitzen in der zeitlich veränderlichen Rußkonzentration hochdynamisch messen kann; ein Nachteil liegt in der

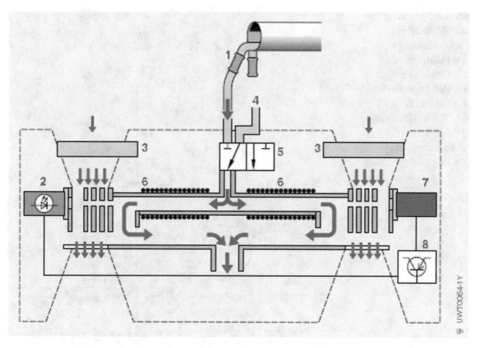

Abb. 3.33 Trübungsmessgerät (Opazimeter): 1 = Entnahmesonde; 2 = LED; 3 = Lüfter; 4 = Spül-luft; 5 = Ventil für Nullabgleich mit Umgebungsluft; 6 = Heizung; 7 = Empfänger; 8 = Auswerte-elektronik und Anzeige

begrenzten optischen Weglänge, die mit der Nachweisstärke einhergeht. Das Opazimeter wird sowohl in der Entwicklung als auch zur Dieselrauchkontrolle in der Werkstatt im Rahmen von Abgasuntersuchungen eingesetzt.

3.6.3.4   Messung der Papierschwärzung (Reflexionsmethode)

Das Rauchwertmessgerät (Abb. 3.34), das im Entwicklungsbereich eingesetzt wird, saugt eine vorgegebene Menge Dieselabgas (z. B. 1 Liter) durch einen Filterpapierstreifen. Als Voraussetzung für eine exakte Reproduzierbarkeit der Ergebnisse wird das angesaugte Volumen bei jedem Messvorgang erfasst und auf das Normvolumen (Abgassäule mit einer Referenzlänge von 405 mm bei Referenzbedingungen: 1000 mbar, +25 °C) umgerechnet. Das Totvolumen zwischen Entnahmesonde und Filterpapier muss gleichfalls berück-sichtigt werden. Die Auswertung des geschwärzten Filterpapiers erfolgt optoelektronisch über ein Reflexfotometer. Die Anzeige erfolgt meist als Filter Smoke Number (FSN) oder als Massenkonzentration (mg/m^3). Der Vorteil des Smokemeters liegt darin, dass zügig Messungen möglich sind, die auf das Partikelmassenniveau des Betriebspunktes schließen lassen. Nachteilig ist, dass das Messverfahren wegen der Saugdauer nur bei Stationär-punkten angewendet werden kann.

Abb. 3.34 Messgerät
zur Messung der
Papierschwärzung:
1 = Filterpapier;
2 = Gasdurchgang;
3 = Reflexfotometer;
4 = Papiertransport;
5 = Volumenmessung;
6 = Spülluft-
Umschaltventile;
7 = Pumpe

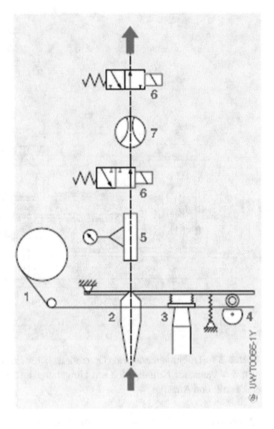

3.6.3.5 Fotoakustisches Verfahren

Mithilfe eines fotoaktustischen Rußsensors kann dynamisch die Rußmasse im Abgas ermittelt werden. Dabei wird die Abgasprobe mit einem modulierten Laserstrahl einer definierten Wellenlänge bestrahlt. Ein Teil der Lichtenergie wird von den Rußpartikeln absorbiert, es kommt zur zyklischen Erwärmung und Abkühlung der Rußpartikel bzw.
Ausdehnung und Kontraktion des Gases. Messkammer und Frequenz der Modulation sind
so gewählt, dass sich in der Messkammer eine stehende akustische Welle (mit der Eigen-
frequenz) ausbildet, Wellenknoten und Wellenbäuche überlagern sich (Abb. 3.35). Über
ein Mikrofon kann die Schallwelle detektiert und somit auf die Rußmasse pro Normvolumen geschlossen werden. Das Verfahren wird bevorzugt für kleine Rußkonzentratio-
nen angewendet. Nachteilig ist, dass unter Umständen verdünnt werden muss und die
Messgasdrücke stark limitiert sind.

3.6.4 Abgasuntersuchung

Der Ablauf der Abgasuntersuchung (AU) in der Werkstatt umfasst für ein Fahrzeug mit
Dieselmotor im Wesentlichen folgende Schritte:

Abb. 3.35 Foto-
akustischer Rußsensor:
1 = modulierter Laser-
strahl; 2 = Fenster der
Messzelle; 3 = stehende
akustische Welle;
4 = Resonator;
5 = Mikrofon; 6 = Eintritt
Abgas; 7 = Aus-
tritt Abgas

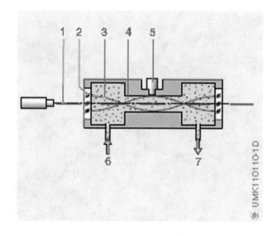

- Fahrzeug-Identifikation,
- Sichtprüfung der Abgasanlage,
- Überprüfung von Drehzahl und Motortemperatur,
- Erfassen der gemittelten Leerlaufdrehzahl,
- Erfassen der gemittelten Abregeldrehzahl,
- Trübungsmessung: Auslösen von mindestens drei Gasstößen (freie Beschleunigung bei ausgekuppeltem Fahrzeug) zum Ermitteln der Trübung (Opazität). Wenn die Trübungswerte unterhalb des Grenzwertes und alle drei Messwerte in einer Brandbreite von < 0,5 m⁻¹ liegen, ist die Abgasuntersuchung bestanden.

Seit 2005 ist in Deutschland außerdem eine On-Board-Diagnose im Rahmen der Abgasuntersuchung vorgeschrieben.

Literatur

1. Valverde Morales, V.; Bonnel, P.: On-road testing with Portable Emissions Measurement Systems (PEMS) – Guidance note for light-duty vehicles, EUR 29029 EN, JRC109812, Publications Office of the European Union, Luxembourg (2018)
2. Adachi, M.; Nakamura, H. (Hrsg.): Engine Emissions Measurement Handbook – Horiba Automotive Test Systems, SAE International, Warrendale (2014)

Diagnose

4

Theodor Breiter, Walter Lehle, Hauke Wendt, Martin Pasta
und Ella Diener

Die Komplexität der Einspritz- und Steuerungssysteme im Verbrennungsmotor stellt hohe Anforderungen an das Diagnosekonzept, die Überwachung im Fahrbetrieb (On-Board-Diagnose) und die Werkstattdiagnose (Abb. 4.1). In den Systemen vorhandene Elektronik und Sensorik, die Vernetzung im Motorsteuergerät sowie die Nutzung von Software zur Steuerung und Regelung des Fahrzeugs eröffnen dabei Möglichkeiten, die durch verschiedene Diagnoseansätze bestmöglich genutzt werden sollen.

Zweckmäßig ist die Unterscheidung zwischen „On-Board-Diagnose" (OBD) und „Werkstattdiagnose". Beschrieben werden diese verschiedenen Konzepte durch den Zeitpunkt ihrer Durchführung: OBD geschieht „In-Use", ist also während der Bewegung des Fahrzeugs permanent im Eingriff, während Werkstattdiagnose fallbezogen zum Einsatz kommt und definitionsgemäß nicht während der normalen Fahrzeugnutzung stattfinden kann. Die On-Board-Diagnose wurde vom Gesetzgeber als Hilfsmittel zur Abgasüberwachung eingeführt und dazu eine herstellerunabhängige Standardisierung geschaffen.

Basis der Werkstattdiagnose ist die geführte Fehlersuche, die verschiedene Möglichkeiten von On-Board- und Off-Board-Prüfmethoden und Prüfgeräten verknüpft und der Werkstatt ausgehend von Auffälligkeiten bzw. eingeschränkter Funktion (sog. „Symptomen") ein Vorgehen an die Hand gibt, das im besten Fall direkt auf eine defekte Komponente zeigt („Pin-Pointing").

T. Breiter (✉) · W. Lehle · H. Wendt · M. Pasta · E. Diener
Robert Bosch GmbH, Stuttgart, Deutschland
E-Mail: Theodor.Breiter@de.bosch.com

© Springer Fachmedien Wiesbaden GmbH, ein Teil von Springer Nature 2023
K. Reif (Hrsg.), *Abgastechnik für Dieselmotoren*, Motorsteuerung lernen,
https://doi.org/10.1007/978-3-658-38722-8_4

4.1 Überwachung im Fahrbetrieb – On-Board-Diagnose

4.1.1 Übersicht

Die im Steuergerät integrierte Diagnose gehört zum Grundumfang elektronischer Motorsteuerungssysteme. Neben der Selbstprüfung des Steuergeräts werden Ein- und Ausgangssignale sowie die Kommunikation der Steuergeräte untereinander überwacht.

Überwachungsalgorithmen überprüfen während des Betriebs die Eingangs- und Ausgangssignale sowie das Gesamtsystem mit allen relevanten Funktionen auf Fehlverhalten und Störung. Die dabei erkannten Fehler werden im Fehlerspeicher des Steuergeräts abgespeichert. Bei der Fahrzeuginspektion in der Kundendienstwerkstatt werden die gespeicherten Informationen über eine serielle Schnittstelle ausgelesen und ermöglichen so eine schnelle und sichere Fehlersuche und Reparatur (Abb. 4.1).

4.1.2 Überwachung der Eingangssignale

Die Sensoren, Steckverbinder und Verbindungsleitungen (im Signalpfad) zum Steuergerät (Abb. 4.2) werden anhand der ausgewerteten Eingangssignale überwacht. Mit diesen Überprüfungen können neben Sensorfehlern auch Kurzschlüsse zur Batteriespannung

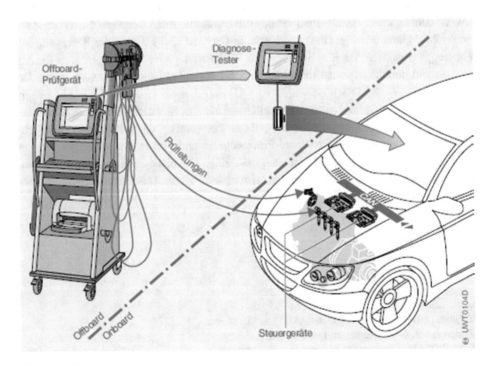

Abb. 4.1 Diagnosesystem

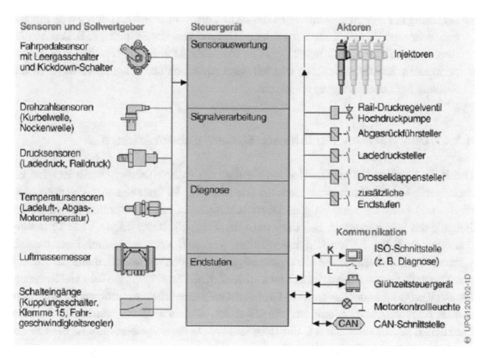

Abb. 4.2   Systembild eines elektronischen Systems (Beispiel: Common-Rail-System)

U_{Batt} und zur Masse sowie Leitungsunterbrechungen festgestellt werden. Hierzu werden folgende Verfahren angewandt:

- Überwachung der Versorgungsspannung des Sensors (falls vorhanden),
- Überprüfung des erfassten Werts auf den zulässigen Wertebereich (z. B. 0,5 … 4,5 V),
- Plausibilitätsprüfung verschiedener physikalischer Signale (z. B. Vergleich von Kurbelwellen- und Nockenwellendrehzahl),
- Plausibilitätsprüfung einer physikalischen Größe, die redundant mit verschiedenen Sensoren erfasst wird (z. B. Fahrpedalsensor).

4.1.3   Überwachung der Ausgangssignale

Die vom Steuergerät über Endstufen angesteuerten Aktoren (Abb. 4.2) werden überwacht. Mit den Überwachungsfunktionen werden neben Aktorfehlern auch Leitungsunterbrechungen und Kurzschlüsse erkannt. Hierzu werden folgende Verfahren angewandt:

- Überwachung des Stromkreises eines Ausgangssignals durch die Endstufe; der Stromkreis wird auf Kurzschlüsse zur Batteriespannung U_{Batt}, zur Masse und auf Unterbrechung überwacht.

- Erfassung der Systemauswirkungen des Aktors direkt oder indirekt durch eine Funktions- oder eine Plausibilitätsüberwachung. Die Aktoren des Systems, z. B. das Abgasrückführventil oder die Drosselklappe, werden indirekt über die Regelkreise (z. B. auf permanente Regelabweichung) und teilweise zusätzlich über Lagesensoren (z. B. die Stellung der Drosselklappe) überwacht.

4.1.4 Überwachung der internen Steuergerätefunktionen

Damit die korrekte Funktionsweise des Steuergeräts jederzeit sichergestellt ist, sind im Steuergerät Überwachungsfunktionen in Hardware (z. B. „intelligente" Endstufenbausteine) und Software realisiert. Die Überwachungsfunktionen überprüfen die einzelnen Bauteile des Steuergeräts (z. B. Mikrocontroller, Flash-EPROM, RAM). Viele Tests werden sofort nach dem Einschalten durchgeführt. Weitere Überwachungsfunktionen werden während des normalen Betriebs in regelmäßigen Abständen wiederholt, damit der Ausfall eines Bauteils auch während des Betriebs erkannt wird. Testabläufe, die sehr viel Rechnerkapazität erfordern oder aus anderen Gründen nicht im Fahrbetrieb erfolgen können, werden im Nachlauf nach „Motor aus" durchgeführt. Auf diese Weise werden die anderen Funktionen nicht beeinträchtigt. Ein Beispiel für eine derartige Funktion ist die Checksummenprüfung des Flash-EPROM.

4.1.5 Überwachung der Steuergerätekommunikation

Die Kommunikation mit den anderen Steuergeräten findet in der Regel über den CAN-Bus statt. Im CAN-Protokoll sind Kontrollmechanismen zur Störungserkennung integriert, sodass Übertragungsfehler schon im CAN-Baustein erkannt werden können. Darüber hinaus werden im Steuergerät weitere Überprüfungen durchgeführt. Da die meisten CAN-Botschaften in regelmäßigen Abständen von den jeweiligen Steuergeräten versendet werden, kann z. B. der Ausfall eines CAN-Controllers in einem Steuergerät mit der Überprüfung dieser zeitlichen Abstände detektiert werden. Zusätzlich werden die empfangenen Signale bei Vorliegen von redundanten Informationen im Steuergerät anhand dieser Informationen wie alle Eingangssignale überprüft.

4.1.6 Fehlerbehandlung

4.1.6.1 Fehlererkennung

Ein Signalpfad (z. B. Sensor mit Steckverbinder und Verbindungsleitung) wird als endgültig defekt eingestuft, wenn ein Fehler über eine definierte Zeit vorliegt. Bis zur Defekteinstufung wird der zuletzt als gültig erkannte Wert im System verwendet. Mit der Defekteinstufung wird in der Regel eine Ersatzfunktion eingeleitet (z. B. Motortemperatur-Ersatzwert $T = 90\ °C$).

Für die meisten Fehler ist eine Heilung oder Wieder-intakt-Erkennung während des Fahrbetriebs möglich. Hierzu muss der Signalpfad für eine definierte Zeit als intakt erkannt werden.

4.1.6.2 Fehlerspeicherung

Jeder Fehler wird im nichtflüchtigen Bereich des Datenspeichers in Form eines Fehlercodes abgespeichert. Der Fehlercode beschreibt auch die Fehlerart (z. B. Kurzschluss, Leitungsunterbrechung, Plausibilität, Wertebereichsüberschreitung). Zu jedem Fehlereintrag werden zusätzliche Informationen gespeichert, z. B. die Betriebsbedingungen („Freeze Frame"), die bei Auftreten des Fehlers herrschen (z. B. Motordrehzahl, Motortemperatur).

4.1.6.3 Notlauffunktionen

Bei Erkennen eines Fehlers können neben Ersatzwerten auch Notlaufmaßnahmen („Limp Home", z. B. die Begrenzung der Motorleistung oder Motordrehzahl) eingeleitet werden. Diese Maßnahmen dienen der Erhaltung der Fahrsicherheit, der Vermeidung von Folgeschäden (z. B. Überhitzen des Katalysators) oder der Minimierung von Abgasemissionen.

4.2   OBD-Anforderungen für Pkw und leichte Nfz

Damit die vom Gesetzgeber geforderten Emissionsgrenzwerte auch im Alltag eingehalten werden, müssen das Motorsystem und die Komponenten im Fahrbetrieb ständig überwacht werden. Deshalb wurden – beginnend in Kalifornien – Regelungen zur Überwachung der abgasrelevanten Systeme und Komponenten erlassen. Damit wurde die herstellerspezifische On-Board-Diagnose hinsichtlich der Überwachung emissionsrelevanter Komponenten und Systeme standardisiert und weiter ausgebaut.

4.2.1   USA

4.2.1.1 CARB: OBD-I-Anforderungen

1988 trat in Kalifornien mit der OBD I die erste Stufe der CARB-Gesetzgebung (California Air Resources Board) in Kraft. Diese erste OBD-Stufe verlangt die Überwachung abgasrelevanter elektrischer Komponenten (Kurzschlüsse, Leitungsunterbrechungen) und Abspeicherung der Fehler im Fehlerspeicher des Steuergeräts sowie eine Motorkontrollleuchte (Malfunction Indicator Lamp, MIL), die dem Fahrer erkannte Fehler anzeigt. Außerdem muss mit On-Board-Mitteln (z. B. Blinkcode über eine Motorkontrollleuchte) ausgelesen werden können, welche Komponente ausgefallen ist.

4.2.1.2 CARB: OBD-II-Anforderungen

1994 wurde mit der OBD II die zweite Stufe der Diagnosegesetzgebung in Kalifornien eingeführt [1]. Für Fahrzeuge mit Dieselmotor wurde OBD II ab 1996 Pflicht. Zusätzlich zum Umfang von OBD I wird nun auch die Funktionalität des Systems überwacht (z. B. Prüfung von Sensorsignalen auf Plausibilität).

OBD II verlangt, dass alle abgasrelevanten Systeme und Komponenten, die bei Fehlfunktion zu einer Erhöhung der schädlichen Abgasemissionen führen können (und damit zur Überschreitung der OBD-Schwellenwerte), überwacht werden. Zusätzlich sind auch alle Komponenten, die zur Überwachung emissionsrelevanter Komponenten eingesetzt werden oder die das Diagnoseergebnis beeinflussen können, zu überwachen.

Für alle zu überprüfenden Komponenten und Systeme müssen die Diagnosefunktionen in der Regel mindestens einmal im Abgas-Testzyklus (z. B. FTP 75, Federal Test Procedure) durchlaufen werden.

Die OBD-II-Gesetzgebung schreibt ferner eine Normung der Fehlerspeicherinformation und des Zugriffs darauf vor.

4.2.1.3 OBD-II-Erweiterungen

Ab Modelljahr 2004

Seit Einführung der OBD II wurde das Gesetz mehrfach überarbeitet. Eine Überarbeitung der Gesetzesanforderungen durch die Behörde erfolgt in der Regel alle zwei Jahre („Biennial Review"). Ab Modelljahr 2004 muss neben verschärften und zusätzlichen funktionalen Anforderungen auch die Überprüfung der Diagnosehäufigkeit (ab Modelljahr 2005) im Alltag (In-Use Monitor Performance Ratio, IUMPR) erfüllt werden.

Ab Modelljahr 2007–2013

Für Diesel-Pkw und leichte Nfz wurden die OBD-Emissionsgrenzen in drei Stufen (bis Modelljahr 2009, Modelljahr 2010 bis 2012, ab Modelljahr 2013) verschärft. Darüber hinaus werden für das Einspritzsystem, das Luftsystem und das Abgasnachbehandlungssystem erhebliche Funktionserweiterungen gefordert. So wird z. B. beim Einspritzsystem die Überwachung der Einspritzmenge und des Einspritz-Timings verlangt. Beim Luftsystem wird z. B. die Überwachung der Ladedruckregelung sowie die zusätzliche Dynamiküberwachung von Abgasrückführ- und Ladedruckregelung verlangt. Beim Abgasnachbehandlungssystem werden für den Oxidationskatalysator, den Partikelfilter, den NO_x-Speicherkatalysator und für das SCR-Dosiersystem (Selective Catalytic Reduction) mit SCR-Katalysator neue Überwachungsfunktionen gefordert. So muss z. B. beim Partikelfilter die Regenerationshäufigkeit und beim SCR-Dosiersystem die Dosiermenge des NO_x-Reduktionsmittels überwacht werden.

Neu gilt für Dieselsysteme auch seit 2009 unter anderem, dass jetzt neben den Reglern auch gesteuerte Funktionen – soweit abgasrelevant – zu überwachen sind. Ebenso gibt es erweiterte Anforderungen an die Überwachung von Kaltstart-Funktionen.

Ab Modelljahr 2014–2015

Für Diesel-Pkw, leichte und schwere Nfz wurden für einzelne Komponenten schon erweiterte Anforderungen für das Modelljahr 2015 formuliert. Diese beziehen sich auf die Überwachung des Oxidationskatalysators hinsichtlich „Feedgas" (Verhältnis zwischen

NO und NO_2 zum Betreiben des SCR-Katalysators), auf die Überwachung des be-schichteten Partikelfilters hinsichtlich NMHC-Konvertierung (Nicht-Methan-haltige Kohlenwasserstoffe) und auf die Überwachung des Einspritzsystems hinsichtlich mengen-codierter Injektoren. Ebenfalls im Rahmen der Überarbeitung der LEV-III-Emissionsge-setzgebung wurden einige Anforderungen für Hybridfahrzeuge vor allem mit Auswirkung auf die IUMPR-Berechnung präzisiert.

Ab Modelljahr 2017–2023
In der letzten Überarbeitung der OBD-Gesetzgebung erfolgte u. a. eine Anpassung der OBD-Schwellenwerte an die LEV-III-Emissionsgesetzgebung. Der OBD-II-Schwellenwert für NO_x und NMHC wird ab LEV III als eine Größe (Summe der Konzentrationen) defi-niert. Die OBD-Schwellenwerte als Vielfache des Emissionsgrenzwertes (Multiplikatoren) wurden an die neuen Emissionskategorien (ULEV 50, 70, SULEV 20) gestuft angepasst. Weitere neue Anforderung sind beispielsweise die Ausgabe von Kenngrößen zur Be-urteilung der Nutzung und Aktivierung von Active-off-Cycle-Technologien und kraftstoff-verbrauchsspezifischer Größen ab Modelljahr 2019, die verbesserte Überwachung der Kurbelgehäuse-Entlüftungsleitungen ab Modelljahr 2023 sowie eine Präzisierung einer Vielzahl von Diagnoseanforderungen für Komponenten von Hybridfahrzeugen. Für zu-künftige Gesetzgebungen gibt es Überlegungen, die OBD-Anforderungen auf die CO_2-Überwachung zu erweitern.

4.2.1.4   Geltungsbereich
Die zuvor dargestellten OBD-Vorschriften für CARB gelten für alle Pkw mit bis zu zwölf Sitzen sowie kleine Nfz bis 14 000 lb (6,35 t).

Die aktuelle CARB-OBD-II-Gesetzgebung für Kalifornien gilt derzeit auch in einigen weiteren US-Bundesstaaten. Darüber hinaus wollen sich zukünftig weitere US-Bundesstaaten dieser Gesetzgebung anschließen.

4.2.1.5   EPA: OBD-Anforderungen
In den US-Bundesstaaten, die nicht die CARB-Gesetzgebung übernommen haben, gelten seit 1994 die Gesetze der Bundesbehörde EPA (Environmental Protection Agency). Der Umfang dieser Diagnose ist im Wesentlichen der gleiche wie bei der CARB-Gesetzgebung (OBD II). Im Rahmen der Überarbeitung der Tier-3-Emissionsgesetzgebung wurden ab Modelljahr 2017 die EPA-OBD-Anforderungen an die CARB-OBD-Anforderungen an-gepasst. Ein CARB-Zertifikat wird jetzt schon von der EPA anerkannt.

4.2.2   Europa

Die auf europäische Verhältnisse angepasste On-Board-Diagnose wird als EOBD (euro-päische OBD) bezeichnet. Für Pkw und leichte Nfz mit Dieselmotor gilt die EOBD seit 2003, für schwere Nfz seit 2005.

In den Jahren 2007 und 2008 wurden neue Anforderungen an die EOBD für Pkw im Rahmen der Euro-5- und Euro-6-Emissions- und OBD-Gesetzgebung verabschiedet (Emissionsstufe Euro 5 ab September 2009; Euro 6 ab September 2014) [2].

Eine generelle neue Anforderung für Pkw ist die Überprüfung der Diagnosehäufigkeit im Alltag (In-Use Performance Ratio, IUPR) ab Euro 5+ (September 2011) in Anlehnung an die CARB-OBD-Gesetzgebung (In-Use Monitor Performance Ratio, IUMPR).

4.2.2.1 EOBD-Anforderungen Euro 5 und Euro 5+

Für Diesel-Pkw-Motoren erfolgte mit Euro 5 eine Absenkung der OBD-Schwellenwerte für Partikelmasse, CO und NO_x. Daneben gibt es erweiterte Anforderungen an die Überwachung des Abgasrückführsystems (z. B. des Kühlers) sowie vor allem an die Abgasnachbehandlungskomponenten. Hier werden an die Überwachung des SCR-Systems (Dosiersystem und Katalysator) sehr strenge Anforderungen gestellt. Die funktionale Überwachung des Partikelfilters wird unabhängig von den Rohemissionen obligatorisch.

4.2.2.2 EOBD-Anforderungen Euro 6

Mit Euro 6-1 ab September 2014 und Euro 6-2 ab September 2017 ist eine weitere zweistufige Reduzierung einiger OBD-Schwellenwerte beschlossen worden (Tab. 4.1). Darüber hinaus gelten strengere Vorschriften für die Überwachung des Oxidationskatalysators

Tab. 4.1 OBD-Grenzwerte für Pkw und Nfz mit Dieselmotor

	Pkw und leichte Nfz	Schwere Nfz
CARB	Abhängig von der Emissionskategorie und Diagnoseanforderung zwischen 1,5- und 2,5-facher Emissionsgrenzwert PM-OBD-Limit: absolut 17,5 mg/mile, jedoch von 2007 bis 2013 Einführung strengerer Grenzwerte in 3 Stufen, z. B. für Partikelfilter: 2007–2009 5 × Grenzwert 2010–2012 4 × Grenzwert ab 2013 1,75 × Grenzwert	**2010–2012** CO: Multiplikationsfaktor 2,5 NMHC: Multiplikationsfaktor 2,5 NO_x: +0,4/0,6 g/bhp-hr[1] PM: +0,06/0,07 g/bhp-hr[1] **ab 2013** CO: Multiplikationsfaktor 2,0 NMHC: Multiplikationsfaktor 2,0 NO_x: +0,2/0,4 g/bhp-hr[1] PM: +0,02/0,03 g/bhp-hr[1] Übergangsphase für einige Monitore bis 2016
EPA (US-Federal)	siehe CARB CARB-Zertifikate mit entsprechenden Grenzwerten werden von der EPA anerkannt.	**2010–2012** CO: Multiplikationsfaktor 2,5 NMHC: Multiplikationsfaktor 2,5 NO_x: +0,6/0,8 g/bhp-hr[1] PM: +0,04/0,05 g/bhp-hr[1] **ab 2013** CO: 2,0x NMHC: 2,0x NO_x: +0,3/0,5 g/bhp-hr[1] PM: +0,04/0,05 g/bhp-hr[1]

(Fortsetzung)

Tab. 4.1 (Fortsetzung)

	Pkw und leichte Nfz	Schwere Nfz
EOBD	**EU5 (09.2009)** CO: 1900 mg/km NMHC: 320 mg/km NO_x: 540 mg/km PM: 50 mg/km **EU6 interim (09.2009)** CO: 1900 mg/km NMHC: 320 mg/km NO_x: 240 mg/km PM: 50 mg/km **EU6-1 (09.2014)** CO: 1750 mg/km NMHC: 290 mg/km NO_x: 180 mg/km PM: 25 mg/km **EU6-2 (09.2017)** CO: 1750 mg/km NMHC: 290 mg/km NO_x: 140 mg/km PM: 12 mg/km	**EUIV/V (10.2005–10.2008)** NO_x: 7,0 g/kWh PM: 0,1 g/kWh NOx-Kontrollsystem-Monitor (seit 11/2006): NO_x-Emissionsgrenzwert +1,5 g/kWh (NO_x-Emissionsgrenzwert EUIV: 5 g/kWh, EUV: 3,5 g/kWh) **EUVI A (2013)** NO_x: 1,5 g/kWh PM: 0,025 g/kWh (Selbstzünder), funktionale Alternative für DPF-Monitor NO_x-Kontrollsystem: SCR Reagenzmittel NO_x: 0,9 g/kWh **EUVI B (09.2014)** Wie EU VI A und zusätzlich CO-Schwellenwert CO: 7,5 g/kWh **EUVI C (2016)** NO_x: 1,2 g/kWh PM: 0,025 g/kWh (Selbstzünder) CO: 7,5 g/kWh (Fremdzünder)[2] NO_x-Kontrollsystem: SCR Reagenzmittel NO_x: 0,46 g/kWh

[1] bhp = brake horse power (Einheit für die Bruttomotorleistung, d. h. ohne Getriebe, Generator usw.), 1 bhp = 0,7457 kW; [2] gilt für die teilweise mit Gas betriebenen Dieselmotoren (Dual-Fuel), die mit Diesel fremdgezündet werden

und des NO_x-Abgasnachbehandlungssystems (NO_x-Speicherkatalysator oder SCR-Katalysator mit Dosiersystem).

Ab September 2017 wird mit Euro 6d-temp für den Typ-1-Emissionstest der NEFZ durch den WLTC ersetzt [3]. Dabei wurden die Emissionsgrenzwerte wie auch die OBD-Schwellenwerte nicht angepasst, sondern unverändert übernommen. Die OBD-Schwellenwerte werden ausschließlich auf Grundlage des WLTC geprüft.

4.2.3 China

Im Dezember 2016 hat das MEP (Ministry of Environmental Protection of the People's Republic of China) ein neues Gesetz mit deutlich verschärften Emissions- und OBD-

Anforderungen veröffentlicht, das in Bezug auf die Emissionen in zwei Stufen (CN6a ab Juli 2020 und CN6b ab Juli 2023) in Kraft tritt. Die OBD-Anforderungen ab Juli 2020 gelten unverändert auch für die Stufe CN6b. Während die bisherige chinesische Gesetzgebung sich sehr nahe am europäischen Standard orientiert hat, kombiniert das neue CN6-Gesetz Elemente der EU- und US-Gesetzgebung und einige landesspezifische neue Anforderungen. In Bezug auf OBD basieren die Anforderungen weitestgehend auf US-Anforderungen der Gesetzgebung aus 2013, wobei einige Anforderungen entfernt oder vereinfacht und andere ergänzt wurden. Während sich die eigentlichen OBD-Anforderungen am US-Standard orientieren, wurden hingegen die europäischen OBD-Euro-6-2-Schwellenwerte sowie der europäische Testzyklus WLTC übernommen.

4.2.4 Andere Länder

Einige andere Länder haben unterschiedliche Stufen der EU- oder der US-OBD-Gesetzgebung übernommen (Russland, Japan, Südkorea, Indien, Brasilien, Australien).

4.3 OBD-Anforderungen für schwere Nfz

4.3.1 Europa

Für Nutzfahrzeuge wurde in der EU (EOBD) die erste Stufe der On-Board-Diagnose zusammen mit Euro IV (Oktober 2005), die zweite Stufe zusammen mit Euro V (Oktober 2008) eingeführt. Zusammen mit Euro VI ist 2013 eine neue OBD-Regulierung in Kraft getreten [4].

4.3.1.1 EOBD-Anforderungen Euro IV (Überwachungsstufe 1)

- Einspritzsystem: Überwachung auf elektrische Fehler und auf Totalausfall
- Motorkomponenten: Überwachung emissionsrelevanter Komponenten auf Einhaltung des OBD-Schwellenwerts (Tab. 4.1)
- Abgasnachbehandlungssysteme: Überwachung auf schwere Fehler

4.3.1.2 EOBD-Anforderungen Euro V (Überwachungsstufe 2)

- Abgasnachbehandlungssysteme: Überwachung auf Einhaltung des OBD-Schwellenwerts

4.3.1.3 Zusätzliche EOBD-Anforderungen Euro IV–V

Seit November 2006 wird die Überwachung der NO_x-Kontrollsysteme hinsichtlich korrekten Betriebs gefordert. Die Überwachung erfolgt gegen eigene Emissionsgrenzwerte, die schärfer als die OBD-Schwellenwerte sind.

4.3.1.4 SCR-System

Ziel ist die Sicherstellung der Versorgung mit dem korrekten Reduktionsmittel (Harnstoff-Wasser-Lösung, gebräuchlicher Markenname ist AdBlue). Die Verfügbarkeit des Reduktionsmittels muss über den Tankfüllstand überwacht werden. Um die korrekte Qualität zu überprüfen, muss die NO_x-Emission entweder mit einem Abgassensor oder alternativ das Reduktionsmittel mit einem Qualitätssensor überwacht werden. In letzterem Fall ist zusätzlich eine Überwachung auf korrekten Verbrauch des Reduktionsmittels erforderlich.

4.3.1.5 Abgasrückführsystem

Beim Abgasrückführsystem wird auf korrekten rückgeführten Abgasmassenstrom und auf die Deaktivierung der Abgasrückführung überwacht.

4.3.1.6 NO_x-Speicherkatalysatoren

Mithilfe von Abgassensoren wird die NO_x-Emission überwacht.

4.3.1.7 Überwachung NO_x-Kontrollsysteme

Fehler in NO_x-Kontrollsystemen müssen nichtlöschbar für 400 Tage (9600 Stunden) gespeichert werden. Bei Überschreiten des NO_x-OBD-Schwellenwerts oder bei leerem Harnstofftank muss die Motorleistung gedrosselt werden.

4.3.1.8 EOBD-Anforderungen Euro VI

Der OBD-Part der Euro-VI-Regulierung setzt auf der globalen technischen Regulierung (Global Technical Regulation, GTR) „World Wide Harmonized OBD" (WWH-OBD) auf. In der Struktur entspricht diese WWH-OBD-GTR dem kalifornischen OBD-Gesetz (Pkw sowie Nfz). Die WWH-OBD lässt dabei offen, welche Überwachungen in einer nationalen Regulierung (hier Euro VI) tatsächlich ausgewählt und implementiert werden. Weiterhin werden Emissionsgrenzwerte und OBD-Schwellenwerte sowie die Auswahl der Testzyklen über die nationalen Regulierungen festgelegt. Besonderheiten von WWH-OBD sind die Einführung einer neuen Fehlerspeicherung sowie einer neuen Scan-Tool-Kommunikation.

Fehler müssen nach ihrer Fehlerschwere hinsichtlich der Emissionsverschlechterung klassifiziert werden. Emissionsrelevante Fehler können über das Verhalten der Motorkontrollleuchte und über die Scan-Tool-Kommunikation differenziert werden. Unterschieden werden die Klassen:

- A: Emission oberhalb des OBD-Schwellenwerts
- B1: Emission ober- oder unterhalb des OBD-Schwellenwerts
- B2: Emission unterhalb des OBD-Schwellenwerts, aber oberhalb des Emissionsgrenzwerts
- C: Emissionseinfluss unterhalb des Emissionsgrenzwerts

Nach diesem Prinzip werden alle emissionsrelevanten Fehler ausgegeben, auch solche mit einem sehr geringen Einfluss.

Daten zu Euro VI

- Starke Absenkung der Emissions- sowie der OBD-Schwellenwerte für NO_x und Partikelmasse gegenüber Euro V,
- Einführung von Emissionsgrenzwerten für NH_3 und Partikelanzahl,
- Verwendung der harmonisierten Testzyklen WHSC und WHTC,
- die OBD-Demonstration erfolgt mit zweimaligem WHTC-Warmstartteil,
- Einführung einer Überprüfung der Konformität der Systeme hinsichtlich der Emission im Feld über Stichprobenmessungen mit portablen Emissionsmesssystemen (Portable Emission Measurement System, PEMS).
- Überprüfung der Diagnosehäufigkeit von OBD-Überwachungen im Alltag (In-Use Monitoring, IUMPR).

Euro VIa

- Für neue Typzulassungen verpflichtend seit 31.12.2012,
- gültig bis 31.08.2015,
- strenge OBD-Schwellenwerte für NO_x und Partikelmasse (nur für Motoren mit Selbstzündung). Für die Partikelfilterüberwachung ist alternativ zur OBD-Schwellenwertdiagnose eine funktionale, nicht emissionskorrelierte Diagnose möglich.

Euro VIb

- Für neue Typzulassung verpflichtend ab 01.09.2014,
- gültig bis 31.12.2016,
- betrifft nur Motoren mit Fremdzündung,
- Einführung eines OBD-Schwellenwerts für CO.

Euro VIc

- Für neue Typzulassung verpflichtend ab 31.12.2015,
- Änderungen gegenüber Euro VI A und B: verschärfter NO_x-OBD-Schwellenwert und Verschärfung der NO_x-Kontrollsystemanforderungen für SCR-Reagenz-Qualitäts- und -Verbrauchsüberwachung. Die Überwachung erfolgt mit Bezug auf das Langzeitdriftverhalten der Kraftstoffinjektoren. Die Überwachung der OBD-Diagnosehäufigkeitsrate ist verbindlich.

Euro VId

- Für neue Typzulassung verpflichtend ab 01.09.2018,
- keine Änderung in Bezug auf OBD.

4.3.1.9 Geforderte Diagnosen aus WWH-OBD

Diese Diagnosen sind verbindlich für Partikelfilter, SCR-Katalysator, NO_x-Speicher-
katalysator, Oxidationskatalysator, Abgasrückführung, Einspritzsystem, Ladedrucksystem,
variable Ventilsteuerung, Kühlsystem, Abgassensoren, Leerlauf-Kontrollsystem und Komponenten.

4.3.1.10 Geforderte Diagnosen außerhalb des WWH-OBD-Umfangs

Für den Partikelfilter, das Abgasrückführsystem und das Ladedruckkontrollsystem werden
für spezifische Diagnosen keine Ausnahmen in der Überwachung zugelassen. Die relevanten Fehler dürfen nicht als Klasse C definiert werden.

Weiterhin ist ab Euro VIc die Überwachung möglicher komponentenschädigender Effekte eines Langzeitdrifts von Kraftstoffinjektoren gefordert.

Grundlegend wurde die Definition des in WWH-OBD nicht emissionskorrelierten
„Performance Monitor" geändert. In Euro VI sind diese Diagnosen für die erste Zertifizierung eines Motors aus einer Motorenfamilie emissionskorreliert zu demonstrieren.

4.3.1.11 Gasmotoren

Für Gasmotoren gelten spezifische Überwachungsanforderungen an die Einhaltung des
λ-Sollwerts, die NO_x- und CO-Konvertierung des Dreiwegekatalysators und an die λ-
Sonde. Weiterhin wird eine Katalysator schädigende Verbrennungsaussetzererkennung
gefordert.

4.3.1.12 Anforderungen an NO_x-Kontrollsysteme

Für SCR-Systeme wird eine Überwachung des Tankfüllstands des Reagenzmittels, der
Qualität des Reagenzmittels, des Reagenzmittelverbrauchs und der Unterbrechung der
Dosierung gefordert.

Für Abgasrückführsysteme wird eine Überwachung des Abgasrückführventils gefordert. Weiterhin müssen alle NO_x-Kontrollsysteme auf eine Deaktivierung des Über-
wachungssystems durch Manipulation überwacht werden. Erkannte Fehler im NO_x-
Kontrollsystem führen zu einer gestuften Reduktion der Fahrbarkeit des Fahrzeugs. Nach
einer Drehmomentbegrenzung als erste Stufe folgt als zweite Stufe eine Fahrgeschwindig-
keitsbegrenzung auf Kriechgeschwindigkeit.

4.3.2 USA

4.3.2.1 CARB: OBD-II-Anforderungen

Ab Modelljahr 2007

Seit Modelljahr 2007 wird in Kalifornien für schwere Nutzfahrzeuge die „Engine Manu-
facturer Diagnostics" (EMD) gefordert. Diese kann als Vorläufer einer OBD-Regulierung
betrachtet werden. Die EMD schreibt eine Überwachung aller Komponenten und eine

Überwachung der Abgasrückführung vor. Die Anforderungen werden dabei nicht in Bezug auf Emissionsschwellenwerte bewertet, was bei OBD einer reinen funktionalen Überwachung entspräche. Weiterhin ist keine standardisierte Scan-Tool-Kommunikation gefordert.

Ab Modelljahr 2010 ff.
Mit Modelljahr 2010 wurde ein OBD-System wie für die Pkw-OBD II eingeführt [5]. Die technischen Anforderungen sind jeweils auf dem gleichen Stand wie die jeweiligen Anforderungen für Pkw. Unterschiede ergeben sich daraus, dass für Nutzfahrzeuge eine Motorzertifizierung gilt. Alle Emissions- und OBD-Schwellenwerte gelten hier für Motorzyklen. Die absolut anwendbaren Werte skalieren dabei mit der im Zyklus geleisteten Arbeit.

Für Nfz ist anders als für Pkw-LEV III keine neue Emissionsregulierung geplant, über die dort ein NO_x- und NMHC-Summengrenzwert eingeführt wird. Die OBD-Schwellenwerte für NO_x und NMHC bleiben für Nutzfahrzeuge damit unverändert getrennt.

4.3.2.2   Einführungsablauf der OBD-Anforderungen
Ab Modelljahr 2010
Eine Leistungsvariante der meistverkauften Motorenfamilie eines Herstellers muss mit einem OBD-System ausgestattet sein. Für die anderen Leistungsvarianten dieser Motorenfamilie gilt ein vereinfachtes Zertifizierungsverfahren.

Ab Modelljahr 2013
Eine Motorenfamilie eines Herstellers muss in allen Leistungsvarianten mit einem OBD-System ausgestattet sein. Weiterhin ist für alle Motorenfamilien jeweils für eine Leistungsvariante ein OBD-System notwendig. Für die anderen Leistungsvarianten dieser Motorenfamilien gilt ein vereinfachtes Zertifizierungsverfahren.

Ab Modelljahr 2016
Alle Motorenfamilien eines Herstellers müssen in allen Leistungsvarianten über ein OBD-System verfügen.

Ab Modelljahr 2018
Motoren, die mit alternativen Kraftstoffen (z. B. Gas) angetrieben werden, unterliegen den OBD-Anforderungen.

4.3.3   Japan

Japan hat seit 2004 eine eigene OBD-Regulierung für Nutzfahrzeuge in Kraft. Inhaltlich sind die Anforderungen vergleichbar mit der EMD in Kalifornien für Modelljahr 2007.

4.3.4   China

In China gilt seit 2017 China 5, das bzgl. OBD Euro 5 entspricht.

Die OBD-Anforderungen in China basieren auf Euro 6. Es werden aber zusätzliche Anforderungen gestellt, die auch OBD betreffen:

* Zusätzliche Demonstration der OBD-Diagnosen am Fahrzeug auf einem speziellen Nutzfahrzeug-Rollenprüfstandszyklus C-WTVC
* Überwachung der Kraftstoffeinspritzmenge hinsichtlich der OBD-Schwellenwerte
* Fernübertragung von Live-Daten, die über das OBD-System ermittelt werden, über Datenfernübertragung an einen Server
* Eine sogenannte „Permanent-DTC-Fehlerspeicherung" analog zu CARB-OBD, angepasst auf WWH-OBD-Fehlerspeicherung
* Spezielle Temperaturüberwachung für Vanadium-Katalysatoren
* Anwendung eines Warn- und Aufforderungssystems, wie es für EU VI für NO_x-Kontrollsystem-Anforderungen besteht, auch für OBD-Fehler. Dies betrifft die OBD-Fehler für einen Wirkungsgradverlust der wichtigsten Abgasnachbehandlungs-systeme DPF, SCR-, NO_x-Speicher und Dreiwegekatalysator.
* Spezifisch für Gasmotoren: Überwachung der Kurbelgehäuseentlüftung

4.3.5   Andere Länder

Weitere Länder haben inzwischen die OBD für Nutzfahrzeuge eingeführt. Darunter sind Indien, Korea, Australien, Brasilien und Russland. Diese Länder haben hierfür die EU-Regulierungen übernommen (Euro IV, Euro V oder Euro VI (Korea)).

4.4   Anforderungen an das OBD-System

Alle Systeme und Komponenten im Kraftfahrzeug, deren Ausfall zu einer Verschlechterung der im Gesetz festgelegten Abgasprüfwerte führt, müssen vom Motorsteuergerät durch geeignete Maßnahmen überwacht werden. Führt ein vorliegender Fehler zum Überschreiten der OBD-Schwellenwerte, so muss dem Fahrer das Fehlverhalten über die Motorkontrollleuchte (Malfunction Indicator Lamp, MIL) angezeigt werden.

4.4.1   OBD-Schwellenwerte

Die US-OBD II (CARB und EPA) sieht OBD-Schwellen vor, die relativ zu den Emissions-grenzwerten definiert sind. Damit ergeben sich für die verschiedenen Abgaskategorien, nach denen die Fahrzeuge zertifiziert sind (z. B. LEV, ULEV, SULEV), unterschiedliche zulässige OBD-Schwellenwerte. Bei der für die europäische Gesetzgebung geltenden EOBD sind absolute Schwellenwerte verbindlich (Tab. 4.1).

4.4.2 Anforderungen an die Funktionalität

Im Rahmen der gesetzlich geforderten On-Board-Diagnose (OBD) sind alle abgasrelevanten Systeme und Komponenten auf Fehlfunktion und Überschreitung von Abgasschwellenwerten zu überwachen.

Die Gesetzgebung fordert die elektrische Überwachung (Kurzschluss, Leitungsunterbrechung) sowie eine Plausibilitätsprüfung für Sensoren und eine Funktionsüberwachung für Aktoren.

Die Schadstoffkonzentration, die durch den Ausfall einer Komponente zu erwarten ist (kann im Abgaszyklus gemessen werden), sowie die teilweise im Gesetz geforderte Art der Überwachung bestimmen auch die Art der Diagnose. Ein einfacher Funktionstest (Schwarz-Weiß-Prüfung) prüft nur die Funktionsfähigkeit des Systems oder der Komponenten (z. B. Ladungsbewegungsklappe öffnet oder schließt). Die umfangreiche Funktionsprüfung macht eine genauere Aussage über die Funktionsfähigkeit des Systems und bestimmt gegebenenfalls auch den quantitativen Einfluss der defekten Komponente auf die Emissionen. So muss bei der Überwachung der adaptiven Einspritzfunktionen (z. B. Nullmengenkalibrierung) die Grenze der Adaption überwacht werden.

Die Komplexität der Diagnosen hat mit der Entwicklung der Abgasgesetzgebung ständig zugenommen.

4.4.2.1 Motorkontrollleuchte

Die Motorkontrollleuchte (Malfunction Indicator Lamp, MIL; auch als Motorkontrollleuchte bezeichnet) weist den Fahrer auf das fehlerhafte Verhalten einer Komponente hin. Bei einem erkannten Fehler wird sie im Geltungsbereich von CARB und EPA im zweiten Fahrzyklus mit diesem Fehler eingeschaltet. Im Geltungsbereich der EOBD muss sie spätestens im dritten Fahrzyklus mit erkanntem Fehler eingeschaltet werden.

Verschwindet ein Fehler wieder (z. B. ein Wackelkontakt), so bleibt der Fehler im Fehlerspeicher noch 40 Fahrten („Warm-up Cycles") eingetragen. Die Motorkontrollleuchte wird nach drei fehlerfreien Fahrzyklen wieder ausgeschaltet.

4.4.2.2 Kommunikation mit dem Scan-Tool

Die OBD-Gesetzgebung schreibt eine Standardisierung der Fehlerspeicherinformation, des Steckers und der Kommunikationsschnittstelle nach der Norm ISO 15031 [6] und den entsprechenden SAE-Normen (Society of Automotive Engineers), z. B. SAE J1979 [7] und SAE J1939 [8], vor. Dies ermöglicht das Auslesen des Fehlerspeichers über genormte, auf dem Markt frei verfügbare Tester, auch als Scan-Tools bezeichnet (Abb. 4.3 und 4.4).

Abb. 4.3 OBD-System

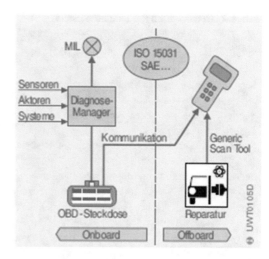

Abb. 4.4 Pinbelegung
der OBD-Steckdose

Ab 2008 für CARB und ab 2014 für EU ist die Diagnose nur noch über CAN erlaubt (ISO 15765 [9]). Im Rahmen der WWH-OBD gilt für schwere Nfz als neuer Standard für die Scan-Tool-Kommunikation die ISO 27145 [10].

4.4.2.3 Fahrzeugreparatur

Mithilfe eines Scan-Tools können die emissionsrelevanten Fehlerinformationen von jeder Werkstatt aus dem Steuergerät ausgelesen werden (Tab. 4.2). So werden auch herstellerunabhängige Werkstätten in die Lage versetzt, eine Reparatur durchzuführen.

Zur Sicherstellung einer fachgerechten Reparatur werden die Fahrzeughersteller verpflichtet, notwendige Werkzeuge und Informationen gegen angemessene Bezahlung zur Verfügung zu stellen (z. B. Reparaturanleitungen im Internet).

Tab. 4.2 Betriebsarten des Diagnosetesters

Mode	Motorleistung
Service 1	Auslesen der aktuellen Istwerte des Systems (z. B. Messwerte Drehzahl und Temperatur)
Service 2	Auslesen der Umweltbedingungen (Freeze Frame), die während des Auftretens des Fehlers vorgeherrscht haben
Service 3	Fehlerspeicher auslesen. Es werden die abgasrelevanten und bestätigten Fehlercodes ausgelesen.
Service 4	Löschen der Fehlercodes im Fehlerspeicher und Zurücksetzen der begleitenden Informationen
Service 5	Anzeigen von Messwerten und Schwellen der λ-Sonden (wird nicht mehr verwendet)
Service 6	Anzeigen der Testergebnisse von speziellen OBD-Funktionen
Service 7	Fehlerspeicher auslesen. Es werden die noch nicht bestätigten Fehlercodes ausgelesen.
Service 8	Testfunktionen anstoßen (Fahrzeughersteller-spezifisch)
Service 9	Auslesen von Fahrzeuginformationen
Service A	Auslesen der Fehlercodes mit dem Status „Permanent"

4.4.2.4 Einschaltbedingungen

Die Diagnosefunktionen werden nur dann durchgeführt, wenn die physikalischen Einschaltbedingungen erfüllt sind. Hierzu gehören z. B. Drehmomentschwellen, Motortemperaturschwellen sowie Drehzahlschwellen oder Drehzahlgrenzen.

4.4.2.5 Sperrbedingungen

Diagnosefunktionen und Motorfunktionen können nicht immer gleichzeitig arbeiten. Es gibt Sperrbedingungen, die die Durchführung bestimmter Funktionen unterbinden. Beispielsweise kann der Luftmassenmesser nur dann hinreichend überwacht werden, wenn das Abgasrückführventil geschlossen ist.

4.4.2.6 Temporäres Abschalten von Diagnosefunktionen

Um Fehldiagnosen zu vermeiden, dürfen die Diagnosefunktionen unter bestimmten Voraussetzungen abgeschaltet werden. Beispiele hierfür sind eine große Höhe (niedriger Luftdruck), eine niedrige Umgebungstemperatur oder eine niedrige Batteriespannung bei Motorstart.

4.4.2.7 Readiness-Code

Für die Überprüfung des Fehlerspeichers ist es von Bedeutung zu wissen, dass die Diagnosefunktionen wenigstens einmal abgearbeitet wurden. Das kann durch Auslesen der Readiness-Codes (Bereitschaftscodes) über die Diagnoseschnittstelle überprüft werden. Diese Readiness-Codes werden für die wichtigsten überwachten Komponenten gesetzt, wenn die entsprechenden gesetzesrelevanten Diagnosen abgeschlossen sind.

4.4.2.8 Diagnose-System-Management

Die Diagnosefunktionen für alle zu überprüfenden Komponenten und Systeme müssen regelmäßig im Fahrbetrieb, jedoch auch mindestens einmal im Abgas-Testzyklus (z. B. FTP 75, NEFZ) durchlaufen werden. Das Diagnose-System-Management (DSM) kann die Reihenfolge für die Abarbeitung der Diagnosefunktionen je nach Fahrzustand dynamisch verändern. Ziel dabei ist, dass alle Diagnosefunktionen auch im täglichen Fahrbetrieb häufig ablaufen. Das Diagnose-System-Management besteht aus folgenden Komponenten (Abb. 4.5):

- Diagnose-Fehlerpfad-Management zur Speicherung von Fehlerzuständen und zugehörigen Umweltbedingungen (Freeze Frames),
- Diagnose-Funktions-Scheduler zur Koordination der Motor- und Diagnosefunktionen,
- Diagnose-Validator zur zentralen Entscheidung bei erkannten Fehlern über ursächlichen Fehler oder Folgefehler. Neben der zentralen Validierung gibt es auch Systeme mit dezentraler Validierung, d. h., die Validierung erfolgt in der Diagnosefunktion.

4.4.2.9 Rückruf

Erfüllen Fahrzeuge die gesetzlichen OBD-Forderungen nicht, kann der Gesetzgeber auf Kosten der Fahrzeughersteller Rückrufaktionen anordnen.

Abb. 4.5 Diagnose System-Management (DSM):
DVAL = Diagnose-Validator;
DSCHED = Diagnose-Funktions-Scheduler;
DFPM = Diagnose-Fehlerpfad-Management;
MF = Motorfunktion;
DF = Diagnosefunktion

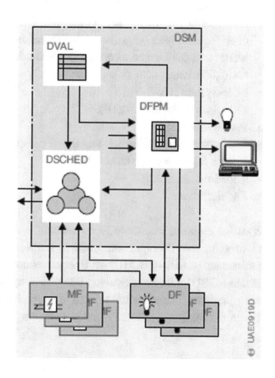

4.5 OBD-Funktionen

4.5.1 Übersicht

Während die EOBD nur bei einzelnen Komponenten die Überwachung im Detail vorschreibt, sind die spezifischen Anforderungen bei der CARB-OBD II wesentlich detaillierter. Die folgende Liste stellt den derzeitigen Stand der bedeutendsten CARB-Anforderungen zum Stand 2017 für Dieselfahrzeuge dar. Mit (E) sind die Anforderungen markiert, die auch in der EOBD-Gesetzgebung im Detail beschrieben sind.

- Abgasrückführsystem (E),
- Kaltstart-Emissionsminderungssystem,
- Kurbelgehäuseentlüftung,
- Verbrennungs- und Zündaussetzer (E, nur für Otto-System),
- Kraftstoffsystem,
- variabler Ventiltrieb,
- Abgassensoren (λ-Sonden (E), NO_x-Sensoren (E), Partikelsensor),
- Motorkühlsystem,
- Klimaanlage (bei Einfluss auf Emissionen oder auf OBD),
- sonstige emissionsrelevante Komponenten und Systeme (E),
- In-Use Monitor Performance Ratio (IUMPR) zur Prüfung der Durchlaufhäufigkeit von Diagnosefunktionen im Alltag (E),
- Anforderungen, die nur für Diesel- oder Ottomotoren gelten, müssen bei Einsatz gleicher Technologien beim Otto- bzw. Dieselmotor entsprechend den Anforderungen bewertet und das Diagnosekonzept der Behörde vorgestellt werden,
- Oxidationskatalysator (E),
- SCR-System (E),
- NO_x-Speicherkatalysator (E),
- Partikelfilter (E),
- Einspritzsystem (Raildruck-Regelung, Einspritzmenge und Einspritz-Timing),
- Kühler für Abgasrückführung (E),
- Ladedruckregelung,
- Ladeluftkühler.

Sonstige emissionsrelevante Komponenten und Systeme sind die in dieser Aufzählung nicht genannten Komponenten und Systeme, deren Ausfall zur Erhöhung der Abgasemissionen (CARB-OBD II), zur Überschreitung der OBD-Schwellenwerte (CARB-OBD II und EOBD) oder zur negativen Beeinflussung des Diagnosesystems (z. B. durch Sperrung anderer Diagnosefunktionen) führen kann. Bei der Durchlaufhäufigkeit von Diagnosefunktionen müssen Mindestwerte eingehalten werden.

4.5.2 Beispiele für OBD-Funktionen

4.5.2.1 Katalysatordiagnose

Beim Dieselsystem werden im Oxidationskatalysator Kohlenmonoxid (CO) und unverbrannte Kohlenwasserstoffe (HC) oxidiert (Schadstoffminderung). Es werden Diagnosefunktionen zur Funktionsüberwachung des Oxidationskatalysators auf Basis der Temperaturdifferenz vor und nach dem Katalysator (Exothermie) eingesetzt.

Der NO_x-Speicherkatalysator wird hinsichtlich der Speicher- und Regenerationsfähigkeit überwacht. Die Überwachungsfunktionen arbeiten auf der Basis von Beladungs- und Entladungsmodellen sowie der gemessenen Regenerationsdauer. Dazu ist der Einsatz von λ-Sonden oder NO_x-Sensoren erforderlich.

Der SCR-Katalysator wird mithilfe einer Effizienzdiagnose überwacht. Dazu wird jeweils ein NO_x-Sensor vor und nach dem Katalysator benötigt. Die Komponenten des Dosiersystems sowie die Menge und Dosierung des Reduktionsmittels werden separat überwacht.

4.5.2.2 Diagnose Partikelfilter

Beim Dieselpartikelfilter wird derzeit meist auf einen gebrochenen, entfernten oder verstopften Filter überwacht. Dazu wird ein Differenzdrucksensor eingesetzt, der bei einem bestimmten Volumenstrom die Druckdifferenz (Abgasgegendruck vor und nach dem Filter) misst. Aus dem Messwert kann auf einen defekten Filter geschlossen werden.

Eine erweiterte Funktion überwacht mithilfe von Beladungsmodellen die Effizienz des Partikelfilters.

Seit Modelljahr 2010 muss auch die Regenerationshäufigkeit überwacht werden. Seit Modelljahr 2013 wird aufgrund verschärfter OBD-Anforderungen in den USA ein Partikelsensor zur Überwachung des Partikelfilters eingesetzt. Der Partikelsensor (von Bosch) arbeitet nach dem „Sammelprinzip", d. h., der über eine bestimmte Fahrstrecke gesammelte Ruß wird mithilfe eines Modells für einen Schwellenwertfilter ausgewertet. Übersteigt die gesammelte Rußmasse in Abhängigkeit verschiedener Parameter eine bestimmte Schwelle, so wird der Partikelfilter als defekt erkannt. Mithilfe des Partikelsensors können auch kombinierte Fehler des Partikelfilters (z. B. gebrochener und geschmolzener Filter) erkannt werden.

4.5.2.3 Diagnose Abgasrückführsystem

Beim Abgasrückführsystem (AGR) werden der Regler sowie das Abgasrückführventil, der Abgaskühler und weitere Einzelkomponenten überwacht. Die funktionale Systemüberwachung erfolgt über Luftmassenregler und Lageregler, die auf bleibende Regelabweichung geprüft werden. Es muss ein zu hoher oder ein zu niedriger AGR-Durchfluss erkannt werden. Darüber hinaus wird das Ansprechverhalten („Slow Response") des Systems überwacht. Das Abgasrückführventil selbst wird sowohl elektrisch als auch funktional überwacht. Die Überwachung des AGR-Kühlers erfolgt mithilfe einer zusätzlichen

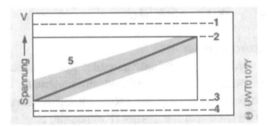

Abb. 4.6 Sensorüberwachung: 1 = obere Schwelle für Signal Range Check; 2 = obere Schwelle für Out of Range Check; 3 = untere Schwelle für Out of Range Check; 4 = untere Schwelle für Signal Range Check; 5 = Plausibilitätsbereich für Rationality Check

Temperaturmessung hinter dem Kühler sowie mit Modellwerten. Damit wird der Wirkungsgrad des Kühlers berechnet.

4.5.2.4 Comprehensive Components

Die On-Board-Diagnose fordert, dass sämtliche Sensoren (z. B. Luftmassenmesser, Drehzahlsensor, Temperatursensoren) und Aktoren (z. B. Drosselklappe, Hochdruckpumpe, Glühkerzen) überwacht werden müssen, die entweder Einfluss auf die Emissionen haben oder zur Überwachung anderer Bauteile oder Systeme benutzt werden (und dadurch gegebenenfalls andere Diagnosen sperren).

Sensoren werden auf folgende Fehler überwacht (Abb. 4.6):

- elektrische Fehler, d. h. Kurzschlüsse und Leitungsunterbrechungen („Signal Range Check"),
- Bereichsfehler („Out of Range Check"), d. h. Über- oder Unterschreitung der vom physikalischen Messbereich des Sensors festgelegten Spannungsgrenzen,
- Plausibilitätsfehler („Rationality Check"); dies sind Fehler, die in der Komponente selbst liegen (z. B. Drift) oder z. B. durch Nebenschlüsse hervorgerufen werden können. Zur Überwachung werden die Sensorsignale entweder mit einem Modell oder direkt mit anderen Sensoren plausibilisiert.

Aktoren müssen auf elektrische Fehler und – falls technisch machbar – auch funktional überwacht werden. Funktionale Überwachung bedeutet, dass die Umsetzung eines gegebenen Stellbefehls („Sollwert") überwacht wird, indem die Systemreaktion („Istwert") in geeigneter Weise durch Informationen aus dem System beobachtet oder gemessen wird (z. B. durch einen Lagesensor).

Zu den zu überwachenden Aktoren gehören sämtliche Endstufen, die Drosselklappe, das Abgasrückführventil, die variable Turbinengeometrie des Abgasturboladers, die Drallklappe, die Injektoren und die Glühkerzen (für Dieselsysteme).

4.6   Werkstattdiagnose

Mehr als 70.000 Kfz-Werkstätten in aller Welt sind mit Werkstatt-Technik (d. h. Prüftechnik und Werkstatt-Software) von Bosch ausgestattet. Der verwendeten Werkstatt-
technik (Abb. 4.7) kommt dabei eine hohe Bedeutung zu, denn sie leitet die Diagnose und
unterstützt bei der Fehlersuche.

4.6.1   Werkstattgeschäft

4.6.1.1   Trends

Viele Faktoren beeinflussen das Werkstattgeschäft. Aktuelle Trends sind z. B.:

- Längere Serviceintervalle und längere Lebensdauer der Kfz-Teile haben zur Folge,
  dass Fahrzeuge seltener in die Werkstätten kommen.
- Die Werkstattauslastung im Gesamtmarkt sinkt weiter.
- Der Elektronikanteil und die Rechenleistung im Fahrzeug nehmen weiter zu.
- Die Vernetzung der elektronischen Systeme untereinander nimmt zu, Diagnosen und
  Reparaturen beziehen sich auf im gesamten Fahrzeug verbaute und verbundene
  Systeme.

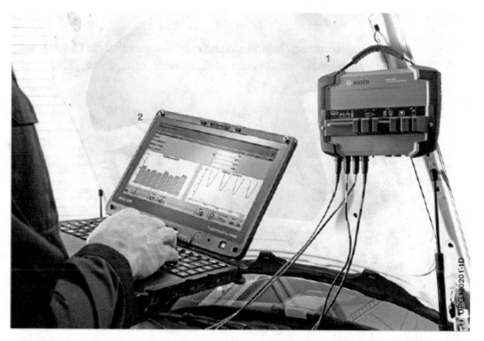

Abb. 4.7   Bosch Car Service: 1 = System-Analysegerät FSA500; 2 = Werkstatt-Notebook DCU220
mit ESI[tronic]-2.0-Werkstatt-Software, beides von Bosch

- Fehlersuchen können deutlich komplexer und damit kostenintensiver ausfallen.
- Prädiktive Diagnose spielt eine zunehmend wichtigere Rolle. Sogenannte „schleichende" Phänomene – wie sich zusetzende Filter – werden überwacht und feste Austauschintervalle durch eine optimale Ausnutzung der Lebensdauer ersetzt werden.

Zusätzlich stellt die Gesetzgebung einen besonderen Treiber für die Weiterentwicklung der Technik in den Fahrzeugen dar, beispielsweise durch E-Calls (2018), Reifendruckkontrollsysteme, Fahrerassistenzsysteme etc. Das hat folgende Konsequenzen:

- Bei Fehlern werden bestimmte Werkzeuge und Schulungen in der Werkstatt nötig.
- Der zweckmäßige und vernetzte Einsatz von Prüftechnik, Diagnose-Software und serverbasierten Diagnoseinhalten führt zu effizienter Diagnose.

4.6.2   Anforderungen an die Werkstätten

Um ihrer Aufgabe gerecht zu werden, müssen Werkstätten sich auf die Trends einstellen, um auch künftig ihre Leistungen erfolgreich am Markt anbieten zu können. Essenziell ist nach wie vor eine professionelle Fehlerdiagnose (Abb. 4.8), die den Schlüssel zur qualifizierten Reparatur darstellt. Nur eine transparente und effizient durchgeführte Reparatur wird den Kunden zufriedenstellen. Die Anforderungen dafür lassen sich direkt aus den Trends ableiten:

- Zugang zu aktuellen technischen Informationen: Hierbei unterstützt die Gesetzgebung die Werkstätten beispielsweise im Rahmen der Emissionsgesetzgebung (Euro-5- und

Abb. 4.8 Diagnose an einem Fahrzeug mit Diagnosetester: 1 = Diagnosetester KST 590 von Bosch; 2 = Notebook mit ESI[tronic]-2.0-Werkstatt-Software von Bosch

Euro-6-Norm). Diese verpflichten seit 2009 Fahrzeughersteller, freien Werkstätten alle technischen Reparaturinformationen in ihren Online-Portalen zur Verfügung zu stellen und die Reprogrammierung von Steuergeräten zu ermöglichen (für letzteres wird auch der Ausdruck „PassThru" verwendet). Fahrzeughersteller müssen demnach sowohl Diagnose- als auch Service-, Reparatur- und Wartungsdaten bereitstellen. Werkstätten können so jederzeit selbst notwendige Software-Updates von Steuergeräten durchführen.

- Qualifikation der Werkstattmitarbeiter: Schulungen für die Arbeiten an den Fahrzeugen werden immer wichtiger im Werkstattalltag.
- Passende Prüftechnik: Neue schnellere Diagnoseschnittstellen, zum Beispiel basierend auf Ethernet (Diagnostic over Internet Protocol, DoIP) werden für die Fahrzeugdiagnose integriert. Zur Unterstützung dieser Schnittstellen werden passende Diagnosetester benötigt (z. B. Bosch KTS-Serie).
- Passende Software für den Diagnosetester. Resultierend aus dem vermehrten Einsatz von Elektronik werden Diagnosegeräte schon bei einfachsten Aufgaben (z. B. Reifenwechsel, Karosseriearbeiten, etc.) benötigt. Die Nutzung von Geräten zur Steuergeräte-Diagnose wird sich daher nicht nur auf Fahrzeugreparaturwerkstätten beschränken, sondern auch in anderen Bereichen (Karosseriewerkstätten, Autoglaswerkstätten) Einzug halten. Beispielsweise verfügen moderne Fahrzeuge in der Regel über intelligente Kamerasysteme, die bei einem Tausch der Frontscheibe neu kalibriert werden.

4.6.3 Werkstattprozesse

Die grundsätzlichen Arbeiten, die in der Werkstatt anfallen, lassen sich in Prozessen darstellen. Für die Abwicklung rund um Service und Reparatur können zwei Teilprozesse unterschieden werden: Der erste Teilprozess umfasst die überwiegend ablauforganisatorisch geprägte Aktivität Auftragsannahme, der zweite die überwiegend technisch orientierten Arbeitsschritte Service und Reparaturdurchführung.

4.6.3.1 Auftragsannahme

Bereits bei der Anmeldung in der Werkstatt werden alle verfügbaren Fahrzeuginformationen über das EDV-Auftragsannahmesystem aus einer Datenbank abgerufen. Somit steht bei der Annahme die Historie des Fahrzeugs mit allen in der Vergangenheit durchgeführten Wartungs- und Reparaturarbeiten zur Verfügung. Weiterhin wird in diesem Ablauf der Kundenwunsch, dessen grundsätzliche Machbarkeit, die terminliche Einplanung, die Sicherstellung von Ressourcen, Ersatzteilen und Betriebsmitteln abgestimmt sowie eine erste Indikation zum erforderlichen Arbeitsumfang gegeben (siehe Abb. 4.9a).

4.6.3.2 Service- und Reparaturdurchführung

Hier werden die im Rahmen der Auftragsannahme festgelegten Arbeiten ausgeführt. Ist die Erledigung der Arbeitsaufgabe nicht in einem Prozessdurchlauf darstellbar, so sind

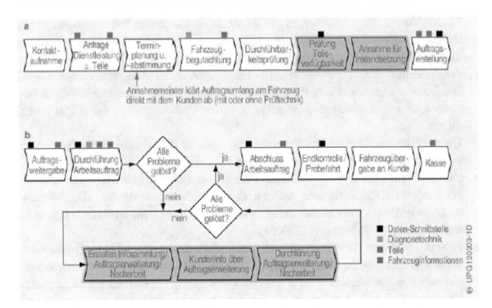

Abb. 4.9 Werkstattprozesse: **a** Auftragsannahme, **b** Service- und Reparaturdurchführung. An den „Schnittstellen" findet der Austausch von Daten mit dem DMS (Dealer Management System) zur Auftragsbearbeitung und Stammdaten-Verwaltung statt, „Information" beinhaltet das Prozessieren der relevanten Informationen zum Fahrzeug

entsprechende Wiederholungsschleifen vorgesehen, bis das angestrebte Prozessergebnis erreicht ist (siehe Abb. 4.9b). Dabei werden je nach Prozessziel alle Teilfunktionalitäten des Bosch-Produkts ESI[tronic] genutzt.

4.6.4   Werkstatt-Software

Aufbau, Funktion und Nutzen der Werkstatt-Software werden am Beispiel ESI[tronic] 2.0 von Bosch näher erläutert. Es handelt sich dabei um ein modular aufgebautes Mehrmarken-Diagnose-Software-Produkt (Abb. 4.10) für den Kraftfahrzeugtechnik-Handel, das sämtliche Teilprozesse von der Auftragsannahme bis zur Service- und Reparaturdurchführung optimal unterstützt.

Die einzelnen Module beinhalten folgende technische Informationen:

- Fahrzeugdiagnose und Fahrzeugsystemdiagnose (FSD),
- herstellerübergreifende Kombination von Fehlersuchanleitungen (Service-Informations-system, SIS) für unterschiedliche Fahrzeugsysteme,
- erfahrungsbasierte Reparaturanleitungen für bekannte Fehler aus der Praxis, die aus dem Erfahrungsschatz einer weltweiten Diagnose-Community generiert werden,
- Wartungspläne und -schaubilder, Inspektions- und technische Fahrzeugdaten,

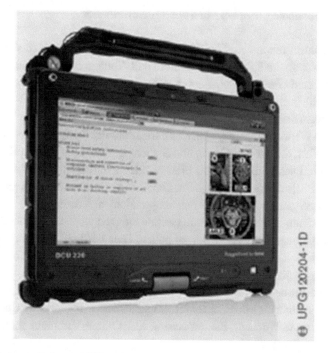

Abb. 4.10 Werkstatt-Software ESI[tronic] von Bosch für alle Fahrzeugmarken

- herstellerübergreifende Schaltpläne für Kfz-Elektrik und Komfortelektrik in einheitlicher Darstellung,
- Informationen über alle Produkte und Erzeugnisse, die im Fahrzeug enthalten sind (von Bosch und Wettbewerber),
- Explosionszeichnungen und Stücklisten für Ersatzteile und Ersatzteilgruppen sowie Reparaturanleitungen für Diesel-Einspritzkomponenten (z. B. Common-Rail-Hochdruckpumpe) und für Bosch-Elektrik-Aggregate,
- technische Daten sowie Prüf- und Einstellwerte,
- Arbeitswerte und -zeiten für die Arbeiten am Fahrzeug,
- Daten zur Kalkulation von Wartungs-, Reparatur- und Servicearbeiten,
- Diagnose, Wartungspläne und Informationen für Lkw, Anhänger, Busse und Transporter.

4.6.4.1 Anwendung

Hauptnutzer sind Kfz-Werkstätten, Aggregate-Instandsetzung und Kfz-Teilegroßhandel. Sie nutzen die technischen Informationen für folgende Zwecke:

- Kfz-Werkstätten: hauptsächlich für Diagnose, Service und Reparatur von Fahrzeugsystemen,
- Aggregate-Instandsetzung: hauptsächlich zur Prüfung, Einstellung und Reparatur von Aggregaten,

- Kfz-Teilegroßhändler: hauptsächlich zur Teileinformation.

Über Produktschnittstellen kann die Werkstatt-Software mit anderer (insbesondere kaufmännischer) Software im Kfz-Werkstattumfeld und -Teilegroßhandel vernetzt werden, um z. B. Daten mit dem Warenwirtschaftssystem der Buchhaltung auszutauschen.

4.6.4.2 Anwendernutzen

Der Nutzen der Werkstatt-Software besteht darin, dass das System einen Großteil der Informationen liefert, die zur Erledigung und Sicherung des Geschäfts von Kfz-Werkstätten benötigt werden. Dies wird durch das breit angelegte und modular aufgebaute Produktprogramm von ESI[tronic] 2.0 ermöglicht. Die Informationen werden in einer Oberfläche mit einheitlicher Systematik über alle Fahrzeugmarken angeboten.

Für das Werkstattgeschäft ist eine umfassende Fahrzeugabdeckung wichtig, um die benötigten Informationen stets verfügbar zu haben. Dies wird bei ESI[tronic] 2.0 dadurch sichergestellt, dass länderspezifische Fahrzeug-Datenbanken sowie Informationen über neue Fahrzeuge in die Produktplanung einfließen. Eine regelmäßige Aktualisierung der Software bietet die beste Möglichkeit, mit der technischen Entwicklung im Fahrzeugbereich Schritt zu halten. Für ESI[tronic] 2.0 stellt Bosch regelmäßig Updates zur Verfügung (ca. alle zwei Wochen), die bei bestehender Online-Verbindung automatisch eingespielt werden.

4.6.5 Fahrzeug-System-Analyse

Die Fahrzeug-System-Analyse (FSA) von Bosch bietet eine einfache Lösung für die komplexe Fahrzeugdiagnose. Dank Diagnoseschnittstellen und Fehlerspeichern in der Bordelektronik moderner Kraftfahrzeuge lassen sich die Ursachen eines Problems rasch eingrenzen. Bei der schnellen Lokalisierung eines Fehlers ist die von Bosch entwickelte Komponentenprüfung der FSA sehr hilfreich: Messtechnik und Anzeige der FSA lassen sich auf die jeweilige Komponente einstellen. So kann diese im eingebauten Zustand geprüft werden.

4.6.5.1 Messmittel

Für die Fehlersuche stehen den Werkstätten folgende Optionen zur Auswahl:

- das KTS 350 als ein kompaktes All-in-One-Testgerät, das aus einem 10-Zoll-Tablet-PC und einem bereits integrierten Kommunikationsmodul besteht. Mit der bereits vorinstallierten Bosch-Diagnose-Software ESI[tronic] 2.0 stellt das KTS 350 ein Gesamtpaket für Steuergerätediagnose, Wartung, Fehlersuche und Reparatur dar.
- die robusten Kommunikationsmodule KTS 560 und KTS 590 in Verbindung mit einem handelsüblichen PC oder Laptop mit lizenzierter ESI[tronic]-2.0-Software. Beide werden auch als Pakete mit robuster, werkstatttauglicher PC-Hardware bereitgestellt.

4.6.5.2 Beispiel für den Ablauf in der Werkstatt

Das Software-Paket ESI[tronic] 2.0 begleitet beispielsweise die Arbeiten in der Werkstatt während der gesamten Fahrzeugreparatur in Verbindung mit dem geeigneten Diagnosetester (z. B. KTS 560 oder KTS 590). Dieser stellt das Bindeglied zwischen der im Fahrzeug verbauten OBD-Buchse (Diagnosebuchse) mit dem externen Diagnosegerät dar. Über den Diagnosetester kommuniziert ESI[tronic] 2.0 mit den elektronischen Systemen im Fahrzeug, z. B. dem Motorsteuergerät. Damit kann vom PC aus nach Aufrufen der SIS-Fehlersuchanleitung die Steuergeräte-Diagnose eingeleitet und der Fehlerspeicher im Motorsteuergerät ausgelesen werden.

Am Diagnosetester lassen sich die gemessenen Werte ohne zusätzliche Eingaben unmittelbar mit den Sollwerten vergleichen. Die Ergebnisse der Diagnose werden direkt in die Reparaturanleitung in ESI[tronic] 2.0 übernommen. Außerdem können zusätzliche Informationen, wie z. B. Einbaulage der Komponenten, Explosionszeichnungen, Schaltpläne und Schlauchverbindungen, angezeigt werden. Aus den Explosionszeichnungen kann der Kundendienst unmittelbar am PC auf Ersatzteillisten mit Bestellnummern für die Ersatzteilbestellung umschalten. Alle durchgeführten Arbeiten werden zusammen mit den benötigten Ersatzteilen automatisch für die Rechnungserstellung erfasst. Nach der abschließenden Testfahrt kann so die Rechnung mit wenigen Tastendrücken erstellt werden. Zudem druckt das System die Ergebnisse der Fahrzeugdiagnose übersichtlich aus. Der Kunde erhält damit ein vollständiges Protokoll aller durchgeführten Arbeiten und Materialaufwendungen (siehe Beispiel für Zahnriemenwechsel in Abb. 4.11).

4.6.6 Diagnose in der Werkstatt

Aufgabe der Diagnose ist die schnelle und sichere Identifikation der fehlerhaften kleinsten tauschbaren Einheit, gewöhnlich eine einzelne Komponente. Dabei werden die On-Board-Informationen (die in den Steuergeräten des Fahrzeugs verfügbar sind) und Off-Board-Prüfgeräte und -methoden (welche die Werkstatt bereitstellt) in der geführten Fehlersuche verknüpft. Hilfestellung gibt hierbei die ESI[tronic] 2.0. Sie enthält für viele mögliche Symptome (z. B. unrunder Motorlauf) und Fehler (z. B. Kurzschluss Motortemperatursensor) Anleitungen für die weitere Fehlersuche.

4.6.6.1 Geführte Fehlersuche

Wesentliches Element ist die geführte Fehlersuche. Der Werkstattmitarbeiter wird – ausgehend vom Symptom (Fahrzeugsymptom oder Fehlerspeichereintrag) – mithilfe eines symptomabhängigen, ergebnisgesteuerten Ablaufs geführt (Tab. 4.3).

Die geführte Fehlersuche verknüpft hierbei alle vorhandenen Diagnosemöglichkeiten zu einem zielgerichteten Fehlersuchablauf. Hierzu gehören Symptombeschreibungen des Fahrzeughalters, Fehlerspeichereinträge der On-Board-Diagnose, Werkstatt-Diagnosemodule im Steuergerät und Diagnosetester sowie externe Prüfgeräte und Zusatzsensorik. Alle Werkstatt-Diagnosemodule können nur bei verbundenem Diagnosetester

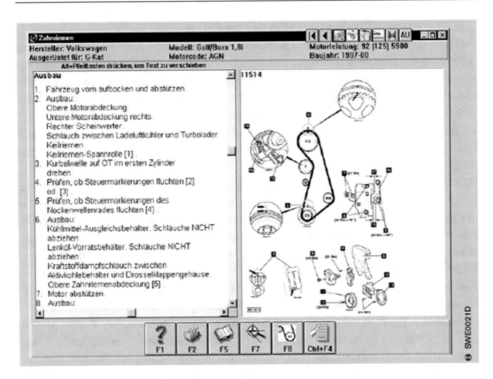

Abb. 4.11 Anleitung aus ESI[tronic] 2.0 für den Zahnriemenwechsel

Tab. 4.3 Ablauf einer geführten Fehlersuche mit CAS[plus] von Bosch: Das System CAS[plus] (Computer Aided Service) verknüpft die Steuergeräte-Diagnose mit der SIS-Fehlersuchanleitung für eine noch effektivere Fehlersuche. Die für Diagnose und Reparatur entscheidenden Werte erscheinen dabei sofort auf einer Bildschirmansicht

Schritt	Tätigkeit
1	Identifikation
2	Fehlersuche nach Kundenbeanstandung
3	Fehlerspeicher auslesen und anzeigen
4	Komponentenprüfung aus Fehlercodeanzeige starten
5	Steuergerät- und Multimeter-Istwerte in der Komponentenprüfung anzeigen
6	Vergleich von Soll- und Istwerten ermöglicht Fehlerbestimmung
7	Reparatur durchführen. Teilebestimmung, Schaltpläne usw. aus ESI[tronic] 2.0
8	Defektes Teil austauschen
9	Fehlerspeicher löschen

und standardmäßig nur bei stehendem Fahrzeug genutzt werden. Die Überwachung der Betriebsbedingungen erfolgt im Steuergerät. In Abb. 4.12 ist die symptomorientierte geführte Fehlersuche für das Symptom „verminderte Leistung" wiedergegeben.

Die geführte Fehlersuche, das Auslesen des Fehlerspeichers, Werkstatt-Diagnosefunktionen und die elektrische Kommunikation mit Off-Board-Prüfgeräten erfolgen i. A. mithilfe von PC-basierten Diagnosetestern. Das kann ein spezifischer Werkstatt-Tester des Fahrzeugherstellers oder ein universeller Tester (z. B. KTS 560 und KTS 590 von Bosch) sein.

4.6.6.2 Auslesen der Fehlerspeichereinträge

Die während des Fahrbetriebs abgespeicherten Fehlerinformationen (Fehlerspeichereinträge) werden bei der Fahrzeuginspektion oder -reparatur in der Kundendienstwerkstatt über eine serielle Schnittstelle ausgelesen.

Das Auslesen der Fehlereinträge kann mithilfe des Diagnosetesters durchgeführt werden. Der Werkstattmitarbeiter erhält Angaben über:

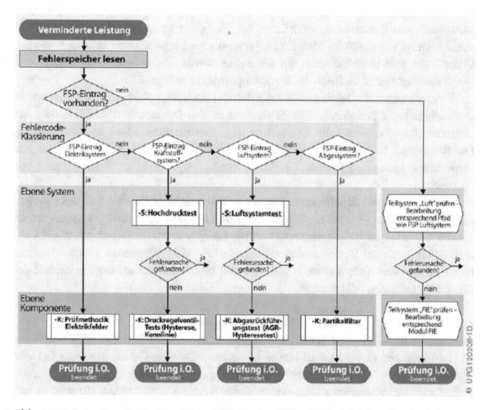

Abb. 4.12 Symptomorientierte geführte Fehlersuche: FSP = Fehlerspeicher; S = Systemebene; K = Komponentenebene; AGR = Abgasrückführung; FIE = Einspritzausrüstung

- Fehlfunktion (z. B. Motortemperatursensor),
- Fehlercode (z. B. Kurzschluss nach Masse, Signal nicht plausibel, Fehler statisch vorhanden),
- Umweltbedingungen (Messwerte zum Zeitpunkt der Fehlerspeicherung (sogenannte „Freeze Frames"), z. B. Drehzahl, Motortemperatur usw.).

Nach dem Auslesen des Fehlerspeichers in der Werkstatt und der Fehlerbehebung kann der Fehlerspeicher mit dem Testgerät wieder gelöscht werden. Für die Kommunikation zwischen Steuergerät und Tester muss eine geeignete Schnittstelle definiert sein.

4.6.7   Werkstatt-Diagnosefunktionen

Einige Komponentenfehler, wie z. B. die meisten elektrischen Fehler, lassen sich durch die On-Board-Diagnose (OBD) direkt erkennen und reparieren. Im Fall von komplexen Systemfehlern wie Raildruck-Abweichung lässt sich oft – trotz Fehlereintrags im Steuergerät – nicht direkt auf ein Bauteil schließen. Auch kann nicht immer davon ausgegangen werden, dass im Fall eines Symptoms, das durch den Fahrer bemerkt wird (wie unrunder Motorlauf), ein Fehlereintrag vorhanden ist. Für diese Fälle können spezielle Werkstatt-Diagnosefunktionen im Motorsteuergerät oder im Diagnosetester appliziert werden. Unabhängig vom physikalischen Ort der Fehler werden diese Funktionen immer vom Diagnosetester und aktiv durch das Werkstattpersonal gestartet.

Werkstatt-Diagnosefunktionen laufen entweder nach dem Start vollständig autark ab und melden nach Beendigung ihre Ergebnisse an den Diagnosetester zurück, oder der Diagnosetester übernimmt die Ablaufsteuerung, Messdatensammlung und Auswertung. Das Steuergerät führt dann nur einzelne Befehle aus, wie z. B. Lesen und Senden von Fehlercodes, Lesen und Senden von Sensorwerten (Ist-Werte) oder das Ansteuern von Aktoren.

Werkstatt-Diagnosefunktionen haben also den Vorteil, dass sie – im Fall eines fehlenden Fehlereintrages – oft auf ein Subsystem (z. B. Luft- oder Kraftstoffsystem) verweisen können oder aber auch viele manuelle Schritte überflüssig machen. Dadurch können unabsichtlich durch das Werkstattpersonal verursachte Fehler vermieden werden. Darüber hinaus liefern sie wiederholbare Ergebnisse und sind somit essenzieller Bestandteil der effizienten geführten Fehlersuche.

4.6.7.1   Beispiel „Leckage im Hochdrucksystem"
Zur Erkennung von Hochdruckleckage dient der „Hochdruck-Systemtest". Er wird zur Überprüfung des Common-Rail-Hochdruck-Kraftstoffsystems unter anderem bei den Symptomen „verminderte Leistung" (siehe oben), „MIL" (Malfunction Indicator Lamp) und „Raildruck-Abweichung" angewandt. Beim Hochdrucktest (Abb. 4.13) wird in vier Schritten der Soll-Raildruck für vier verschiedene Motordrehzahlen sprunghaft erhöht und anschließend sprunghaft gesenkt. Dabei werden die Zeiten für den Druckaufbau

Abb. 4.13 Messprinzip des Hochdruck-Systemtests

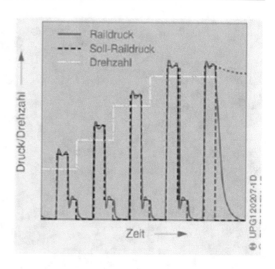

und -abbau mit Einspritzung bis zu einer applizierbaren Schwelle gemessen. In einem fünften Schritt wird der Druckaufbau wie im vierten Schritt durchgeführt und der Druck-abbau bei abgeschalteter Förderung und Einspritzung verfolgt. Die Zuordnung von ge-messenen Druckaufbau- bzw. Druckabbau-Zeiten zu möglicherweise defekten Kompo-nenten erfolgt mit einer fahrzeugspezifischen Fehlermatrix.

Der Test bietet, wie alle On-Board-Diagnosefunktionen, den Vorteil, dass ohne Öffnen des Kraftstoffsystems und ohne zusätzliche Messtechnik in sehr kurzer Zeit Ergebnisse vorliegen. Durch Vergleich der charakteristischen Merkmale (Messwerte) mit den Grenz-werten im Tester ist es möglich, Anpassungen auch für bereits im Feld befindliche Fahr-zeuge über die Aktualisierung der Tester-Software durchzuführen.

4.6.7.2 Beispiel „Drehmomentverlust eines Zylinders"
Hier kommen generell zwei Ursachen infrage:

- Fehler im Luftsystem,
- Fehler im Kraftstoffsystem.

Zum Testen des Luftsystems kommt beispielsweise der „Kompressionstest" infrage. Dazu wird die Einspritzung abgeschaltet, während der Motor vom Starter geschleppt wird. Damit werden Auswirkungen durch einen eventuell unterschiedlichen Momentenbeitrag der einzelnen Zylinder bei der Verbrennung ausgeschlossen. Über das Motorsteuergerät werden die Drehzahlwerte kurbelwellensynchron erfasst. Das physikalische Wirkprinzip ist ein relativer Vergleich der Zahnzeiten (Sechs-Grad-Intervall des Kurbelwellengeberra-des) der einzelnen Zylinder vor und nach OT, Abb. 4.14. Der Vorteil dieses Tests liegt in einer sehr kurzen Messzeit ohne Adaption von externen Messmitteln. Bei dem Symptom „unrunder Motorlauf/Motor schüttelt" wird der Kompressionstest oft vor spezifischen Tests des Einspritzsystems durchgeführt, um negative Auswirkungen durch die Motor-

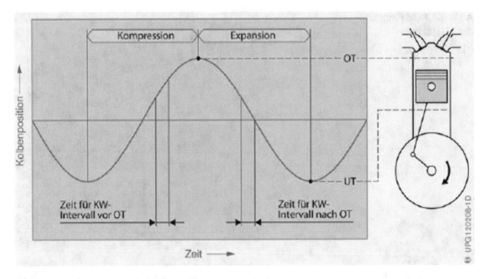

Abb. 4.14 Messprinzip des Kompressionstests

mechanik ausschließen zu können. Abhängig vom Ergebnis des Kompressionstests wird nun der Fehler weiter im Luftsystem gesucht (negatives Ergebnis) oder die Fehlersuche in Richtung Kraftstoffsystem fortgesetzt (positives Ergebnis des Kompressionstests).

Zum Test des Kraftstoffsystems ist der sogenannte „Hochlauftest" zweckmäßig. Dabei werden im Motor-Leerlauf zylinderselektiv definiert erhöhte Einspritzungen auf die einzelnen Injektoren gegeben und sukzessive die resultierenden Drehzahlgradienten gemessen. Dieses Verfahren ermöglicht die Feststellung einer einzelnen Abweichung der Einspritzmenge eines Zylinders (relative Abweichung) sowie die Ermittlung einer absoluten Abweichung der Einspritzmenge des Motors über alle Zylinder. Abhängig vom Resultat dieses Tests kann nun die Fehlersuche im Kraftstoffsystem selbst fortgesetzt werden. Ein mögliches Ergebnis wäre die Anweisung zur Reparatur des Injektors des Zylinders mit unzureichendem Drehmoment.

4.6.7.3 Stellglied-Diagnose

Um in den Kundendienstwerkstätten einzelne Stellglieder (Aktoren) gezielt aktivieren und deren Funktionalität prüfen zu können, ist im Steuergerät eine Stellglied-Diagnose enthalten. Dieser Testmodus wird mit dem Diagnosetester eingeleitet und funktioniert nur bei stehendem Fahrzeug unterhalb einer bestimmten Motordrehzahl oder bei Motorstillstand. Unter anderem ist es hiermit möglich, die Funktion der Stellglieder akustisch (z. B. Klicken des Ventils), optisch (z. B. Bewegung einer Klappe) oder durch andere Methoden wie die Messung von elektrischen Signalen zu überprüfen, Abb. 4.15.

Abb. 4.15 Darstellung
von Prüffunktionen mit
ESI[tronic] 2.0 von
Bosch: **a** Injektor-
Neucodierung nach
Tausch, **b** Auswahl eines
Stellgliedtests, **c** Auslesen
motorölspezifischer
Daten, **d** Laufunruhe-
Auswertung

4.6.7.4 Offboard-Prüfgerät

Die Diagnosemöglichkeiten werden durch Nutzung von Zusatzsensorik, Prüfgeräten und externen Auswertegeräten erweitert. Die Off-Board-Prüfgeräte werden im Fehlerfall in der Werkstatt an das Fahrzeug adaptiert.

4.6.8 Prüf- und Testgeräte

Für eine effektive Systemprüfung werden Prüf- und Testgeräte benötigt. Konnte früher ein elektronisches System noch mit einfachen Messgeräten (z. B. Multimeter) geprüft werden, so sind heute durch die ständige Weiterentwicklung der elektronischen Systeme im Fahrzeug komplexe Testgeräte unverzichtbar. Die System-Testgeräte der KTS-Serie von Bosch (Abb. 4.16) bieten umfangreiche Möglichkeiten für den Einsatz bei der Fahrzeugreparatur, insbesondere durch die grafische Darstellung z. B. von Messergebnissen. Diese System-Testgeräte werden auch als Diagnosetester bezeichnet.

4.6.8.1 Diagnosetester

Die robusten Kommunikationsmodule KTS 560 und KTS 590 von Bosch bieten Funktionen, die eine komplette Steuergerätediagnose aller heutigen und zukünftigen Fahrzeug-Schnittstellen ermöglichen. Durch die Bluetooth-Funkverbindung erlauben die Geräte einen mobilen Einsatz in der Werkstatt. Sie können mit einem PC, auf dem das Betriebssystem Windows 7 oder 10 und die Software ESI[tronic] 2.0 installiert und lizenziert sind, betrieben werden. Die folgende Auflistung zeigt die wichtigsten Funktionen:

- bis zu drei CAN- sowie K-Line-Schnittstellen parallel nutzbar,
- Ethernet-basierte Diagnoseschnittstellen, die eine schnellere Datenübertragung bieten,
- weiterentwickelte Pass-Thru-Schnittstelle zur Reprogrammierung der Steuergeräte über die Portale der Fahrzeughersteller nach Euro 5 und Euro 6,
- Messungen von Spannungen, Widerständen oder Strömen,

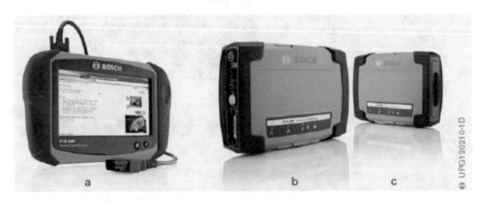

Abb. 4.16 Prüf- und Testgeräte der KTS-Serie: **a** KTS 350, **b** KTS 590, **c** KTS 560

- Zwei-Kanal-Oszilloskop, mit dem Spannungs- und Stromverläufe direkt ausgewertet werden können. Alle im Fahrzeug vorhandenen Signale von Sensoren und Aktoren sind mit den Geräten messbar.

Identifikation

Das System erkennt automatisch das angeschlossene Steuergerät und liest Istwerte, Fehlerspeicher und steuergerätespezifische Daten aus.

Fehlerspeicher lesen und löschen

Die im Fahrbetrieb von der On-Board-Diagnose erkannten und im Fehlerspeicher gespeicherten Fehlerinformationen können mit dem KTS 560/590 gelesen und auf dem mit den Steuergeräten verbundenen PC im Klartext angezeigt werden.

Istwerte lesen

Aktuelle Werte, die das Motorsteuergerät berechnet, können als physikalische Werte ausgelesen werden (z. B. Motordrehzahl in min^{-1}).

Stellglied-Diagnose

Zur Funktionsprüfung können die elektrischen Steller (z. B. Ventile, Relais) gezielt angesteuert werden.

Motortest

Der Systemtester löst im Motorsteuergerät programmierte Prüfabläufe zur Prüfung der Motorsteuerung oder des Motors aus (z. B. Kompressionstest).

Multimeter-Funktion

Ströme, Spannungen und Widerstände können wie bei einem herkömmlichen Multimeter gemessen werden, Abb. 4.17.

Darstellung des Zeitverlaufs

Die laufend aufgenommenen Messwerte werden als Signalverlauf grafisch wie bei einem Oszilloskop dargestellt (z. B. λ-Sonden-Spannung, Signalspannung des Heißfilm-Luftmassenmessers).

Zusatzinformationen

Zu den angezeigten Fehlern bzw. Komponenten können in Verbindung mit der Elektronischen Service-Information (ESI[tronic] 2.0) besondere, zusätzliche Informationen eingeblendet werden (z. B. Fehlersuchanleitungen, Einbaulage der Komponenten im Motorraum, Prüfwerte, elektrische Schaltpläne).

Ausdruck

Alle Daten können auf normalen PC-Druckern ausgedruckt werden (z. B. Liste der Istwerte oder Beleg für den Kunden).

Abb. 4.17 Funktionen des KTS: **a** Multimeter-Funktion; **b** grafische Darstellung eines Anschlussplanes; **c** Darstellung der Einbaulage von Komponenten im Motorraum; **d** Beispiel einer Funktionsauswahl

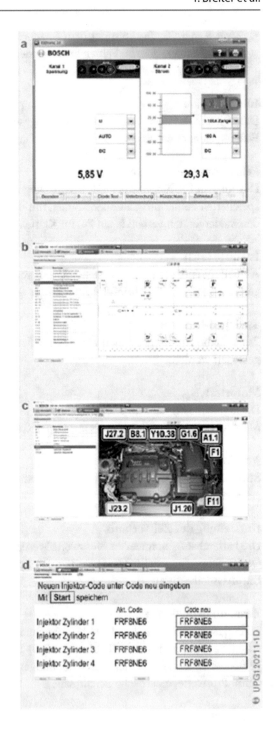

Programmierung

Die Software des Motorsteuergeräts kann mit dem KTS 560 oder KTS 590 kodiert werden (z. B. Automatik- oder manuelles Getriebe). Abhängig von dem zu prüfenden System werden beim Werkstattaufenthalt die Möglichkeiten des KTS 560 oder KTS 590 ausgenutzt. Nicht alle Steuergeräte können die gesamte Funktionalität unterstützen.

Literatur

1. OBD II regulation, section 1968.2 of title 13, California Code of Regulations, different approved OAL versions
2. UN/ECE Regulation No. 83, Revision 5: Uniform provisions concerning the approval of vehicles with regard to the emission of pollutants according to engine fuel requirements
3. (WLTP) Regulations (EU) 2017/1151 und 2017/1347
4. UN/ECE Regulation No. 49, Revision 6: Uniform provisions concerning the measures to be taken against the emission of gaseous and particulate pollutants from compression-ignition engines and positive ignition engines for use in vehicles
5. OBD II regulation, section 1971.1 of title 13, California Code of Regulations, different approved OAL versions
6. ISO 15031: Straßenfahrzeuge – Kommunikation zwischen Fahrzeug und externen Ausrüstungen für die abgasrelevante Fahrzeugdiagnose (2011)
7. SAE J 1979: E/E Diagnostic Test Modes (2012)
8. SAE J 1939: E/E Diagnostic Test Modes (2012)
9. ISO 15765: Straßenfahrzeuge – Diagnose über Controler Area Network (2011)
10. ISO 27145: Road vehicles – Implementation of World-Wide Harmonized On-Board Diagnostics (WWH-OBD) communication requirements (2012)

Verständnisfragen

1. Wie arbeitet ein Dieselmotor?
2. Wie sind das Drehmoment und die Leistung definiert?
3. Durch welchen Vergleichsprozess wird der Dieselmotor beschrieben? Wie ist dieser Vergleichsprozess charakterisiert?
4. Wie ist der effektive Wirkungsgrad definiert? Wie wird er berechnet?
5. Welche Betriebszustände gibt es? Wodurch sind diese Betriebszustände charakterisiert?
6. Wodurch sind die Betriebsbedingungen begrenzt?
7. Welche Formen haben die Brennräume und warum?
8. Wofür werden Dieselmotoren eingesetzt?
9. Wie entstehen Schadstoffe bei der dieselmotorischen Verbrennung?
10. Welchen Einfluss haben Drehzahl und Drehmoment auf die Rohemissionen?
11. Welche innermotorische Maßnahmen gibt es zur Emissionsminderung?
12. Wie wird das Abgas nachbehandelt?
13. Wie ist ein Speicherkatalysator aufgebaut und wie funktioniert er?
14. Wie funktioniert die selektive katalytische Reduktion von Stickoxiden?
15. Wie ist ein Partikelfilter aufgebaut und wie funktioniert er?
16. Wie ist ein Diesel-Oxidationskatalysator aufgebaut und wie funktioniert er?
17. Welche verschiedenen Emissionsgesetzgebungen gibt es?
18. Welche Prüfverfahren gibt es?
19. Für welche Schadstoffe gibt es Grenzwerte?
20. Welche Bedeutung hat die Kraftstoffverbrauchs- und Treibhausgesetzgebung?
21. Welche Testzyklen gibt es?
22. Welche Messverfahren gibt es zur Abgasprüfung? Welche Messgeräte werden dabei eingesetzt?
23. Welche Prüfverfahren gibt es?

© Springer Fachmedien Wiesbaden GmbH, ein Teil von Springer Nature 2023
K. Reif (Hrsg.), *Abgastechnik für Dieselmotoren*, Motorsteuerung lernen,
https://doi.org/10.1007/978-3-658-38722-8

24. Wie erfolgt die Klasseneinteilung?
25. Welche Emissionen werden in den Gesetzgebungen begrenzt?
26. Wie wird die Serienproduktion überprüft und wie erfolgt die Feldüberwachung?
27. Was besagt die Kraftstoffverbrauchs- und Treibhausgesetzgebung?
28. Welche Vorschriften gelten für den Verbrauch in den verschiedenen Emissionsgesetz-
    gebungen?
29. Welche Testzyklen gibt es und wodurch sind sie charakterisiert?
30. Wie erfolgt die Abgasprüfung auf dem Rollenprüfstand?
31. Welche Abgasmessgeräte gibt es und wie funktionieren sie?
32. Was ist eine On-Board-Diagnose und wie funktioniert sie?
33. Wie funktioniert die Diagnose in der Werkstatt?

Printed in the United States
by Baker & Taylor Publisher Services